菸 語 憶 像

The Recollection Of Taiwanese Tobacco

陳柏政 × 張凱清 × 蔡依璇

菸語憶像

個人出版／發行人：張凱清

出版企劃：蔡依璇

指導出版：廖藤葉

贊助出版：客家委員會

總編輯：張凱清

文字編輯：蔡依璇

美術設計：張凱清

底片攝影：張凱清

數位攝影：陳柏政、蔡依璇

作者：陳柏政、張凱清、蔡依璇

地址：高雄市美濃區合和里
　　　中正路一段 154 號

電話：07-6816804

手機：0980558633

信箱：leo19980109@gmail.com

印刷：興台彩色印刷股份有限公司

代理經銷：白象文化事業有限公司

經銷商地址：臺中市東區和平街
　　　　　　228 巷 44 號

經銷商電話：（04）2220-8589

經銷商傳真：（04）2220-8505

發行日期：2019 年 10 月　初版

發行量：200 本　膠裝

定價：360 元

菸語憶像 / 陳柏政, 張凱清, 蔡依璇作 . -- 初版 . -- 高雄市：張凱清, 2019.10

直式雙面 ; 21*14.8 公分

ISBN 978-957-43-6796-2(平裝)

1. 菸草工業 2. 口述歷史 3. 田野研究 4. 臺灣

482.5　　108011200

序

撰／蔡依璇

　　民國 60 年代，臺灣菸葉走過一段鼎盛的黃金歲月，在南部的菸產重鎮，可以看到大片的菸田與菸樓林立，與菸業羈絆深刻的客家族群，更見證了這項產業的興衰史。繁盛的菸景，陪伴了許多人的成長回憶。

　　隨著人口結構改變、國家發展轉型，以及世界貿易組織（WTO）的競爭，臺灣菸業日漸沒落。2017 年，高雄美濃正式收購了最後一批菸葉，臺灣菸業從此畫下句點。近年來，許多領域提倡認識本土文化、發揚在地特色。因此，對於沒落的傳統產業，保存人文記憶更是當務之急。

　　本書透過不同背景的人們口中，聽到即將消逝的菸業故事，用文字的溫度，還原臺灣不復存在的歷史景象。藉由菸農、菸農後代、記者、教育家與藝術家等等，進行一場多面向及跨時代的對話。內容分為三大部分：臺灣菸業歷史回顧、人物專訪報導與菸樓走訪導覽。

　　菸業為臺灣勾勒出深刻的紋理，從沒落農業的轉型，到舊空間再利用等議題，都值得跟著本書去一探究竟，認識更深層的臺灣。

目錄

過眼雲菸

——回顧臺灣菸業歷史

撰／張凱清

16 世紀中葉後的大航海時代，西班牙、葡萄牙等歐洲列強，以美洲為起源，將菸業傳播到世界各地，當中也涵蓋亞洲。因為製成一根香菸需要多種配方，若一個國家能種植所有香菸的原料，在菸業經濟便具有國際優勢。因此，當時的政府與民間，都試圖在殖民地尋找適合種菸的地區。[1]

　　中國最早將菸草稱為「淡巴菰」，直接取西班牙文 Tabaco 的音譯。一開始，中國菸草的主要功能並非吸食，而是除蟲。清初廣東省《平遠縣志》記載：「將菸草搗成粉狀，溶入石灰，撒在稻苗間，可達殺菌及溫潤苗根的作用。」[2] 以前的臺灣農民，也會將被分級制度淘汰的菸草及碎屑，放

1　洪馨蘭，《台灣的菸業》，（臺北縣：遠足文化事業股份有限公司，2004），頁 22。
2　清・盧照鱉等修、清・歐陽蓮等纂，《平遠縣志》，（臺北市：成文出版社有限公司印行，1934 年重刊本），頁 201。

置田土中，解決農業害蟲。[3] 福建的水手和商人，將菸種從菲律賓傳進中國漳州，使菸業在閩南沿海地帶蓬勃發展。[4] 其中最著名的地區為永定，此區製作的菸絲，還曾被乾隆皇帝賜為「菸魁」。[5]

荷蘭與西班牙治臺至明清時期的菸業

臺灣的菸草分成三類：第一種是高山原住民種植的「番產菸葉」。在《臺陽見聞錄》中記載，此為臺灣最早種植的菸草。書中也提及菸草的加工技術，主要製成雪茄相關煙品。[6] 此菸種的源流今日已不可考，但可推估為西元 1560 年至 1580 年間（明朝嘉靖、萬曆年間），由商船或倭寇從南洋一帶傳來，最有可能是從菲律賓群島。[7]

3　洪馨蘭，《台灣的菸業》，（臺北縣：遠足文化事業股份有限公司，2004），頁 44。

4　張崑振，《臺灣產業文化資產體系與價值》，（臺中市：文化部文化資產局，2013），頁 36。

5　黃瑞珠，〈宜蘭煙草栽培史初探——從清末、日治到公賣局裁撤〉，《宜蘭文獻》，第 111 期，（宜蘭縣：宜蘭縣史館，2017），頁 4。

6　黃哲永，吳福助主編；姚嘉文總顧問，全臺文五十九—唐贊袞《臺陽見聞錄》，（臺中市：文听閣圖書有限公司，2007），頁 264。

7　洪馨蘭，《台灣的菸業》，（臺北縣：遠足文化事業股份有限公司，2004），頁 22。

　　第二種為來自中國的支那種菸葉，是漳、泉兩地帶來的原鄉品種。支那種菸葉由漢農在平地種植，故稱作平地菸草。乾隆年間的《重修臺灣縣治》，提到此種菸葉主要功用為農作除蟲，製成的煙品。多為劣質的菸絲，剩下的其它用作治療瘴氣。[8]

　　第三種為呂宋種菸葉。1886 年（光緒 12 年）臺灣總督劉銘傳，派遣雲林知縣李聯圭到福建，將呂宋種菸葉帶回全臺各地試種。[9] 在荷蘭與西班牙治臺期間，臺灣的菸草由來自漳、泉兩地的菸農零星種植。到了清末，政府轉向積極治臺，才出現規劃性的種植。其中，苗栗罩蘭壢西坪和花草坑生產的菸葉品質與色澤，優於菲律賓生產的菸葉。以「後壟菸」、「罩蘭菸」名震一時。[10] 中國呂宋種菸葉，在清末的臺灣發展最為蓬勃。[11]

8　魯鼎梅等人編纂，《重修臺灣縣志（全）第二輯》，（臺灣：大通書局印行，1989 年印），頁 413。
9　洪馨蘭，《台灣的菸業》，（臺北縣：遠足文化事業股份有限公司，2004），頁 24。
10　黃瑞珠，〈宜蘭煙草栽培史初探──從清末、日治到公賣局裁撤〉，《宜蘭文獻》，第 111 期，（宜蘭縣：宜蘭縣史館，2017），頁 4。
11　張崑振，《臺灣產業文化資產體系與價值》，（臺中市：文化部文化資產局，2013），頁 36。

日治時期的臺灣菸業

1901 年（明治 34 年）是日本治臺第六年，第四任總督兒玉源太郎在官邸，向官民代表說明「實施方針」，在「臺灣產業政策大綱」十項中的第七項「煙草之栽培」提到：「臺灣其實有非常合適的氣候與土地條件，來種植菸葉。不過種植中國種的菸草，品質與產量卻不理想，仰賴進口是非常愚笨的政策。所以應選擇良好的黃色菸葉，廣泛栽培，提供本島及外銷所需，使臺灣菸業成為世界第一。」[12]

1905 年（明治 38 年），臺灣總督府專賣局實施煙品專賣，將菸種分類，有清代劉銘傳治臺帶來的「中國種」，依地名細分為「福建長泰」、「崎嶺」、「墣仔種」、「永定種」、「浙江松陽種」，還有從呂宋島傳進的「呂宋種」。除此之外，也有日本移民帶來的「在來種」。此時，臺灣種植的菸葉仍是以中國種為主，當中一半的產量，全來自臺中菸區。[13]

1911 年（明治 44 年），專賣局委託福建農會，在臺試種中國種葉菸成功。不過在當年及隔年，颱風在花蓮移民村造成嚴重的農業損失，多數的日本人因此遷徙或回國。日本

12　井出季和太，郭輝譯，《日據下之臺政》，（臺北市：海峽兩岸出版社，2003），頁 373。

13　黃瑞珠，〈宜蘭煙草栽培史初探——從清末、日治到公賣局裁撤〉，《宜蘭文獻》，第 111 期，（宜蘭縣：宜蘭縣史館，2017），頁 4、5。

總督為了穩定移民村的秩序與安撫居民的心情，由官署殖產局移民課，挑選適合當地種植的作物，在吉野、豐田、林田這三處種植。當時擔任技師的長崎常氏，在此時提出栽培黃色種菸葉的想法。[14]

　　1913 年（大正 2 年），花蓮港廳吉野村選定五名菸農，試種美國的黃色種菸葉，並且栽培成功。這波實驗性的舉動，吹起了全臺種植黃色種菸葉的風潮，菸農自此逐漸告別中國種菸葉。[15]同年，日本政府在高雄美濃的南隆農場，種下第一批試種菸葉，也奠基美濃成為「臺灣菸城」的根本。1930 年（昭和 5 年），黃色種菸葉第一次超越中國種菸葉，成了臺灣種植最多的菸葉品種。1938 年，高雄美濃被臺灣總督府訂為「菸草耕作區域」，從此美濃與菸業的關係更加緊密。[16]日後更得到「菸葉王國」的美譽，成為菸產重鎮，也是臺灣在最後一批菸葉的採收地區。

14　客家委員會，《高樹菸田尋故事─離離菸業憶當年》，（臺北市：客家委員會，2013），頁 26。

15　張崑振，《臺灣產業文化資產體系與價值》，（臺中市：文化部文化資產局，2013），頁 36。

16　李慧宜，《美濃，正當時。》，（高雄市：高雄市立圖書館，2017），頁 99。

民國時期的菸業

　　1945 年二戰結束，臺灣由日治時期進入國民政府時期。當年 11 月 1 日，國民政府派人接收臺灣總督府專賣局，編制為「臺灣省專賣局」。分別將臺中、嘉義、屏東、花蓮、宜蘭設為「五大菸草種植區」，並設置菸廠。其中，屏東菸區包括今日的高雄市與屏東縣。五大菸區多是沿續日治時代規劃之菸草示範區，包括最早栽培黃色菸種的花蓮地區。

　　民國 36 年 2 月 27 日，專賣局的人在臺北市延平北路，查緝私菸、打傷女販，還誤殺路人。在此之前，腐敗暴掠的國民政府已使人民不滿，因此民眾上街頭抗議，結果皆被國民政府槍斃。這群抗議民眾的訴求為，要求當時專賣局分局長歐陽正宅，下臺以示負責，並要求焚毀存放於專賣局的菸酒，將專賣局改名為「公賣局」。爾後，政府將原先專賣的菸、酒、樟腦、火柴、度量衡，縮減為菸、酒，再次改名為「臺灣省菸酒公賣局。」[17]

　　在五大菸區發展中，多雨的宜蘭不適合種菸，因此在民國 51 年遭到取消。屏東菸區日照充足及土壤合適，更加符合菸草種植的條件。因此，民國 52 年，公賣局逐漸將種植

17　客家委員會，《高樹菸田尋故事─離離菸業憶當年》，（臺北市：客家委員會，2003），頁 27-29。

面積向南增加。[18] 客家六堆的右堆，為全臺菸葉面積密度最高的地區，除了因為氣候、土地條件，及菸區南移政策之外，更關鍵是六堆皆為客家聚落，人口大量投入農事，滿足了菸業龐大的人力需求。[19]

　　民國 40 到 60 年代，是臺灣種菸的鼎盛時期，持續幾十年。[20] 最高峰為民國 58 年，全臺的春菸及秋菸面積，高達 11951 公頃，共 9256 個菸戶。[21]

18　客家委員會，《高樹菸田尋故事—離離菸業憶當年》，（臺北市：客家委員會，2003），頁 28、29。
19　洪馨蘭，《粼──川流不息：六堆‧聚間‧家族敘事》，（屏東縣：客家委員會客家文化發展中心，2017），頁 98。
20　屏東縣政府，《阿緱菸雲─屏東菸廠的老農／老物／老故事》，（屏東縣：屏東縣政府，2012），頁 50。
21　洪馨蘭，《台灣的菸業》，（臺北縣：遠足文化事業股份有限公司，2004），頁 24。

沒落時期的菸業

事實上，現在多數人並不瞭解菸業，容易單向度以為種菸輕鬆好賺。其實種菸需要投入菸農全家的人力和心力，細心栽培照料、採收，以七天七夜不斷火的控溫方式燻烤菸葉，賺來的勞命之財，屬於高付出高報酬。[22] 在專賣制度下，僅有政府指定地區的菸農，能取到菸草的種子。

菸農的家世必須清白，種子的源頭與數量、種菸的土地面積和栽培技術，還有燻烤菸葉的硬體設備等，每個環節都在嚴格控管下運作。烤好的菸葉只能交給政府，收購價也由公賣局決定。無論日治或國民政府時期，政府始終是菸農的老闆。[23]

民國 76 年，洋菸開放進口，使臺灣菸葉在五年內大幅縮減，菸農必須面對國際化的市場競爭。2002 年 1 月 1 日，臺灣加入世界貿易組織（WTO），臺灣菸酒公賣局改制為臺灣菸酒股份有限公司。[24] 行政院核定了〈菸酒管理法〉和〈菸

22　李慧宜，〈美濃的田間盛宴〉，《美濃，正當時。》，（高雄市：高雄市立圖書館，2017），頁 101。

23　李慧宜，〈美濃的田間盛宴〉，《美濃，正當時。》，（高雄市：高雄市立圖書館，2017），頁 100。

24　李慧宜，〈美濃的田間盛宴〉，《美濃，正當時。》，（高雄市：高雄市立圖書館，2017），頁 102。

酒稅法〉，廢除從日治時期開始的菸酒專賣制，並改為菸酒稅制。人民可以製私菸、釀私酒，在一個全球化的開放市場競爭。菸葉從特用作物，轉為輔導種植作物，由農委會負責。菸葉不再是「專賣保障性契作」，菸農也必須接受洋菸低成本的衝擊。[25]臺灣菸葉的生產成本，高於國外三倍，基於商業利潤的考量下，菸酒公司當然選擇進口香菸。2016年7月，臺灣菸葉生產事業協進會的理事長陳明文，協調各個菸農團體與臺灣菸酒公司，達成2017年停種菸葉的協議。當年1月到7月的菸業農事，成了臺灣最後的菸業景象。[26]

25　洪馨蘭，《台灣的菸業》，（臺北縣：遠足文化事業股份有限公司，2004），頁24、25。
26　李慧宜，〈美濃的田間盛宴〉，《美濃，正當時。》，（高雄市：高雄市立圖書館，2017），頁102。

〔采桑子〕　晨光

詩｜蔡依璇

深秋拂曉雞鵝鬧，薄霧氤氳。
曠野耕耘，散盡晨光間隙分。

為求酣夢明年意，日日辛勤。
綺陌晴雲，只待煙香細細聞。

告別本土菸業

——專訪自由記者李慧宜

撰／陳柏政

現任自由記者的李慧宜，曾經擔任公視記者，為了拍
攝紀錄片在高雄美濃待了一陣子，花了很多時間與當
地農民聊天，從談心過程中發現，美濃與菸業有著形
影相依的情感。

　　高雄地區曾經是臺灣菸產的重鎮之一，自從臺灣菸酒公
賣局脫離政府的經營權，改制為臺灣菸酒公司，過去有菸葉
王國之稱的美濃地區，由於面臨菸酒公司不再保價收購，漸
漸走向衰退，臺灣菸業也在 2017 年正式走進歷史。

菸草印象

　　李慧宜表示，其實菸業在 2006 年開始，就已經喊著要
收，持續喊了十幾年。甚至更早在 1987 年開放洋菸進口時，
農民就意識到菸業即將沒落。這十幾年來，美濃的菸農也抱
持著每年都是最後一年的心態，繼續種植菸葉。要說這是僥

前任公視記者李慧宜

倖，也不完全正確。李慧宜認為政府至少在這二十年的期間，對於菸產抱持的態度是，認為農民能撐多久，就向農民收購多少。

在這短短的二十年間，美濃的農夫並非採取坐以待斃的心情去面對菸產消失，而是用戰戰兢兢的態度繼續種植菸葉，另一方面慢慢摸索可行的替代性經濟作物。她說：「我常常會形容，菸業就是吃爽的作物，當你口袋有錢了，肚子已經飽了，才會開始追求其他層次的東西。」

根據她的說法，菸葉是美濃過去一世紀，八、九十年以來一個很亮眼的產物，但也需要有另一個作物和它搭配，才能形成農業區欣欣向榮的發展，那就是稻米。美濃一年收成農作有三期：一期稻、二期稻、三期菸。一期稻，就是過年前有人陸續種稻，四、五月收成。接著休息半個月至一個月，再種二期稻，然後十月收割，菸苗開始假植，菸葉收完了，就要趕快再種一期稻，進入新一季的循環。所以，早期的美濃呈現一片寬廣的綠色。

然而，現在不一樣了，一期作仍然是稻米，二期休耕，由政府補助，三期種番茄、茄子、紅豆等，讓人覺得每期的農作物色彩多元繽紛。

菸草王國的美譽

李慧宜認為，如果要以土地的肥沃程度，概括美濃成為菸草重鎮的原因，太過於片面籠統。因為土壤的豐沛程度並

生動地訴說美濃的菸業故事

不是全部的影響因素。像是人稱「蕉城」的旗山，雖然是香蕉的產區，可是仍然有部分香蕉是從美濃輸出。她進一步道出美濃之所以成為菸產重鎮的另外兩大背景。

第一項是美濃人的論述能力。在訪問的過程當中，她多次提到美濃人所書寫的歷史、文字、相片，甚至田野調查的紀錄，遠遠多於其他地區。而且不只侷限在菸產相關的事物。所以久而久之，塑造出美濃是個有名的農產小鎮。

　　第二項是家庭組織型態。種菸並不適合自由、開放、多元的家庭去種，而是需要非常具有權威、紀律嚴明、分工清楚的家庭結構才能完成。因為種菸勞力密集性很高，如果沒有用嚴謹高壓的管理模式，在交工模式中，很有可能會造成勞力分配的失衡。而為了確實執行政府的規定，如：一分地種多少數量、農藥與肥料的使用，這些都有相當嚴格的規範，需要家中一個最具權威性的大家長，代表監督與落實國家的政策，倘若不是這種社會組織，根本難以駕馭菸業。

菸產的崩落

　　至於菸產在美濃會走入歷史，李慧宜提供以下個人觀點：

　　第一是種菸成本過高。因為美濃的土地破碎性很高，不像澳洲、加拿大、美國等大型農企業，許多地方光是一個農場就和美濃一樣大。小小的美濃有四萬多個農民，相對的土地成本高，其他資本更高。

　　第二是全球化的浪潮。臺灣相對較慢才進入全球化的市場競爭，早期的外交關係中，臺灣不被認同是一個國家，所以在 2002 年才加入世界貿易組織 (WTO)，時間正巧在中國加入的第二天。然而，全球化不一定對任何產業都不利，當年我們利基的產業，例如：半導體業、電子業就創造了不

少營收。可是作為代價的是，農業市場大門需要打開，讓其他國家吞下臺灣的菸葉市場。當更便宜的菸葉原料進來臺灣時，基於營收的考量，菸酒公賣局轉而向國外收購菸業原料。所以並非臺灣沒有能力自行耕種、加工或者技術不好，最大關鍵仍是成本。

第三項是大型資本的支撐。菸業不像一般農業那麼簡單，種了就可以吃。若沒有後續的加工系統，農民收成的僅是一堆菸葉，無法直接使用。製成香菸需要技術，做一根香菸需要各種配方的菸葉，每種都有不同的比例，例如哪些品種的香菸需要百分之二十的比例，哪些菸草不能加多，只能有百分之五，若沒有強大資本能力的菸商去取代政府的角色，做穩定全面的收購或控管，臺灣菸葉很難蓬勃發展。

最後，她認為我們應該用沒落當作起點，將它視為美濃農民的重生。因為菸產的背後的意義，是政府透過棍棒與獎勵來執行的計畫。棍棒就是嚴格控制種植法規，獎勵就是以高價收購。其實農民在另一層面是政府的工人。菸業走入歷史後，農民反而得到自由，他們可以依照自己的資金、設備、土地面積、人力多寡、習慣喜好來決定要種什麼。同時約束家庭的權力結構也隨之瓦解，開始進入世代交替里程碑。

跟著「阿力伯」
回溯菸業歷史

——專訪第二代菸農曾通芹

撰／蔡依璇

曾通芹是高雄美濃的第二代菸農，大家都叫他「阿力伯」。紀錄片《阿力伯的菸田》見證了他一輩子伴隨著臺灣菸業，共同經歷的種種境遇與挑戰。在阿力伯溫暖樸實的笑容中，展現出對生命堅強的韌性，以及臺灣農村的溫柔敦厚。

　　回憶家族的種菸歷史，阿力伯的父親於民國 29 年開始種菸，剛好就是他出生的那一年，於是他成了菸農二代。當時日本人在臺灣推廣菸葉，由於百姓還不確定菸葉的收益情況，從事種菸的人數很稀少。大約過了兩年後，大家發現種菸收入很高，也就有越來越多農家投入種菸的行列。阿力伯說：「當時種一分地的菸葉，就可以買一分的土地。」在現今大家所知道的種菸過程之前，其實有著一段較不為人知的歷史，年代更為久遠，那就是還沒有菸樓的時期。

開朗樂天的阿力伯

伴隨童年的菸香與背後故事

在最早期菸葉收成後，菸農們沒有菸樓烤菸，便會將菸葉一葉一葉串起來，掛在房子裡讓它們「吹空氣」，此時的

阿力伯的家牆上掛著菸業獎狀

菸葉較為小片、品質也較差。後來,菸樓從日本傳進臺灣。因此,對於當時本土的菸農來說,看待日本殖民政府的態度各有不同,有些站在正面肯定的立場,認為日本帶來進步的新技術與建設,有些則認為管理制度太過於高壓嚴苛。

在日本引進菸樓後,臺灣改良與修復的技術更勝一籌。相較於日式的小菸樓,臺灣人新建了更多層樓、空間更寬廣的大菸樓。接著後期又發展出電腦式菸樓,烤菸效率可以取

代三間傳統大阪式菸樓。阿力伯充滿力量地說：「臺灣人真的很聰明！」

　　除此之外，臺灣人在自製香菸上也很有一套，像是發跡於高雄美濃廣興地區的「滾香菸」。阿力伯想起童年時，大人會交代小孩將菸葉捲成條狀並切至細碎，接著加入糖乾炒，炒過以後再滾成一根根的香菸。這款「糖炒菸」有種獨一無二的香味，在當地俗稱為「滾香菸」。然而，發明滾香菸的人在民國36年的二二八事件中，成了高雄的受難者之一。曾通芹回想起這段幼年時期的歷史，仍感到有些心有餘悸。

　　經過當時菸農努力地耕耘與研發，逐漸讓臺灣菸葉的美聲名揚海外，開始有菲律賓等國家的人慕名而來，向臺灣的菸農學習與菸葉相關的各種技術。

　　在以往過年前的烤菸時期總有一段小插曲，那便是火燒菸樓的頻率很高。每當那段日子外出，常會聽到消防車的鳴笛聲。阿力伯說：「菸樓失火的機率，白天與晚上差不多。」因為白天的農務非常繁忙，要同時兼顧菸樓的柴火很不容易。而在經歷了整天的操勞後，夜晚便時常因為疲憊瞌睡造成疏忽，一時的不注意都可能釀成火災，由此可見傳統柴火烤菸的危險與辛勞。阿力伯說：「大家說種菸賺得多，一開始那可都是賣命錢！」

輕薄許可證　承載濃厚回憶

　　阿力伯拿出珍藏已久、泛黃至透明的菸酒公賣局許可證，引領我們進入臺灣的復古年代。「一張貼在倉庫，一張貼在菸樓。」他向我們說明，許可證必須在置菸與烤菸兩個地方都張貼，並且依循上頭規定的許可面積種植，不能多也不能少。阿力伯自豪地說：「現在找不到有保存許可證的菸農囉！」兩張看似薄薄的紙張，對阿力伯來說有著不凡的意義與回憶。

　　在嚴格的專賣制度中，民國 70 年代是一段相對較寬鬆的時期，買菸葉的途徑比較簡單、多元，有許多私下的交易往來。後來，政府開始進行「地毯式」的搜查，多種或偷種的菸田成了陽光下最直接的證據，無處可逃，種菸制度變得十分嚴謹。

　　在宣佈停種後，政府以一分地六萬元的價格向農民簽訂兩年的停種合約（2018 年到 2019 年），概念等同於向菸農買回種菸權。等到滿兩年的契約結束後，政府不再限制菸葉種植，民間私菸才開始合法化。假如在這兩年內私下種菸，也就是違反契約，政府會收回六萬元的金額。不過阿力伯說到，農委會當初調查時透過私下詢問，避開有種菸的人家，選擇沒種的戶口作為調查結果向上級交代。這是因為大家從

阿力伯留著以前的種菸許可證

以前就認識，當中也有過去地方上有勢力、有名聲的人，官方取締時便保留一點人情。

　　在停菸後的政府措施及轉型成效方面，不同地區的民間反應也有落差，像是高雄美濃的轉型作物較為成功與興盛，因此主張續種菸葉的聲浪也較小；而屏東高樹則是有較多人積極爭取續種，並且近期仍有較多人持續種菸。他提到，現

在當地種菸的利潤大約一分地四千元，由採收班打包好後，私人菸商到現場付費收購，主要通路銷往海外。

辛苦的時代 是好的時代

對於停菸後的想法，阿力伯爽朗地說：「沒有也好，有也好。」其實早在政府正式停菸前，年事已高的阿力伯就有不再種菸的念頭，因為從事菸業需要相當大的勞力。但由於想到孫子要讀書升學，還得負擔一大筆的開銷，於是才又堅持著再多種了幾年。講到這裡，阿力伯目光柔和，著照片上自己種菸的身影，面容慈祥地緩緩說到：「透過這些照片，可以讓下一輩知道爺爺的錢是怎麼賺來的。」

阿力伯在十四歲時便投入農家工作，開始種菸，菸葉伴隨了他的一生。他說：「以前農業社會的成長背景雖然辛苦，但還是個不錯的時代。」展現農村生活的知足樂觀與恬淡自得，對於退休後悠閒的生活感到滿足。

隨著時代變遷，許多本土、傳統的產業沒落總是令人感到惋惜不捨。然而對於臺灣菸業的衰微及人生的境遇，阿力伯卻沒有顯露出絲毫感慨或無奈，而是在談笑風生中展現對生命的韌性，面對消逝的歷史與回憶，溫柔敦厚的阿力伯用自己的方式去收藏它、珍惜它。

放映菸業的留聲機

──專訪美濃的菸農林智興

撰/蔡依璇

林智興是高雄美濃的第二代菸農，就讀初中時就開始
投入種菸。不僅親身經歷了臺灣菸業的興衰史，也是
美濃農業結構變遷的見證者。林智興用生命故事為我
們帶來最貼近土地的時代回顧。

　　身為家中排行老二的林智興，與弟弟一同承接了父親的
種菸事業。談到開啟種菸的契機，林智興說：「當時不種田
有兩條路，考試考出去或是出去找工作。」在初中畢業後，
因為沒考上當時的臺電養成所，便決定回家幫忙農務。

不得懈怠一刻的種菸歷程

　　回想過往的種菸過程，在稻子收成後，緊接著準備種菸。
中秋節前兩週就要播種菸苗（約落在國曆八月廿三日），苗
長須 45 天，接著約 100 天以後就要採摘菸葉，使得種菸時
壓力相當大。八月到十月要擔心颱風的天災威脅，十一月又

林智興娓娓道來關於種菸的回憶

得開始提防季風。「採菸的時候最怕下雨天了。」林智興說到。整株菸草在剛要開花前是最好的採收期,但也是最怕颱風下雨的時候,因為風雨會讓此時飽滿有重量的菸葉容易折損、斷裂。而且菸葉表面有毛細孔,若沾到雨水會影響新鮮度,烘烤過後就會變得焦黑,因此總是要抓準時機採收。特別的是,菸葉絕對不能碰到二十四節氣中的「雨水」(國曆二月十九日或二十日,相當於農曆的元宵節前後),一定得在這之前將菸葉全數採完。

此外林智興也提到,相較於美濃,高樹地區的菸農可以較晚採收,因為有阻擋季風的大武山及玉山山脈尾端作為天然屏障,由此可見務農人家與大自然息息相關的共存情景。林智興說:「目前在美濃,六十歲以上的,兒時都經歷過先

收菸才能去上學的回憶。」在交工的最後一天，大家採收完畢、領取工資的時候，總是一片幸福洋溢，開心地閒話家常，彼此共享收成的充實與成就感。

在烤菸時，溫度和濕氣的一點點改變，都會影響菸葉烘烤過後的品質，因此得不斷監控、保持恆溫。林智興笑著說：「以前如果不小心睡著了，讓火熄滅就會被打。」過去烘烤菸葉時，輪值夜班有分上半夜和下半夜，午夜 12 點是中間的休息與換班時間，大家會一起吃粄條、炒麵和炒米粉等點心。

政策和對策的數量拉鋸戰

以前大阪式菸樓用柴燒，容易烘烤不均勻，溫度難以控制，需要非常高的技術與經驗。由於烘烤後的菸葉若帶有一點綠色，都會被鑑定為較低的等級，因此菸農們時常覺得相當冤枉。到了民國 60 年代，改為堆積式菸樓的電腦烤菸，要烘烤出高等級菸葉的機率就大大提升了。經由菸農們的細心照顧下，成就一株一株品質良好的菸葉，也締造出臺灣輝煌一時的菸產經濟。

早期菸酒公賣局收購菸葉時，沒有數量的限制，菸農種得好，繳菸時就繳得多。但是對於種植面積則有限制，一分

地可以種 1750 棵菸草左右,過剩的會被檢驗員拔除。有趣的是,以前規定菸農須在田裡插上牌子,並寫上地址與種植行數,有些菸農便會「作弊」,像是種了 30 行卻寫 25 行。而有的菸農受到檢驗員刁難,會在牌子上被誇大數目。有些人則會零星的種,並轉賣給有種菸許可證的菸農去繳。林智興提到:「菸酒公司人員手上有明細表,上報的數目掌握在他們手中,在上面多寫或少寫一筆,都決定著菸農的收成。」此外,繳菸時要與公部門「交涉」,與菸葉等級鑑定員打好關係,因為較好的鑑定結果也意味著較高的收入。

到了 80 年代左右,制度變得更為嚴格與複雜,繳菸數量有了明確的規定,一戶的總收購數訂為 250 公斤,超過的一律不收,由自家處理成肥料使用。由於收購量的公開透明化,檢驗員也會在種植數接近上限時提出警告。「以前菸酒公司是在田裡檢查、限制,後來變成繳菸現場直接管制。」林智興回顧著數量控管由種植端轉移至收購端的制度變遷。

面對轉型豁達人生觀

面對全球化下的菸業危機,菸酒公司為了消耗國產菸葉龐大的庫存量,鼓勵菸農轉種其他作物並提出補助方案,最先補助金額為一分地十萬五千元。而由於菸農、地方民意

林智興家中擺放許多關於菸業的照片

代表與立法委員積極爭取，減緩了菸葉全面停種的腳步。一公頃的菸田縮減至剩下百分之三十的面積，也就是平均一甲地約剩三分地可以種菸。民國 82 年，政府用一甲地六十萬的「離菸輔導金」向菸農買回種菸權。民國 89 年，菸農組成自救會陳情抗議，要求提高補補償金至每公頃一百零五萬元。在一連串的苟延殘喘下，菸葉終於在民國 106 年正式宣布停種，菸酒公司不再收購，菸農要繳回會散播種子的菸花給政府單位，臺灣菸產的公賣時代正式結束，那些勞動的身影，都成了歷史。

然而，現在美濃地區仍有一些菸田，以一公斤 160 元的價格由私人菸商收購，並銷往國外。林智興表示，對於後續的加工與詳細販售通路不太清楚，但認為不太可能是用作肥

林智興的太太親切活潑

料，因為種菸技術與人力成本高，用作肥料不符合經濟效益。在菸葉停種後，林智興轉型改種紅豆與水稻。輪作順序為一季水稻後休耕三個月，在這三個月的休耕期會種田菁強化土壤。休耕結束後接著一季紅豆，紅豆的種植時期與菸葉差不多，約在九月底至雙十節前後開始播種。

　　用割禾機採收的紅豆相較於親自一根一根採拔的蘿蔔，對於年紀大、體力有限的農人來說，勞力負擔較輕。一分地的紅豆產量約在 350 到 450 台斤之間，數量和品質的高低取決於天氣與管理方式，雨量過多或缺乏雨水都會帶來影響。

林太太介紹照片裡的故事

　　林智興表示，種菸時期經濟較好，是由於菸酒公司保證收購的價格較高，現在轉作水稻與紅豆，賣給農會的價格就相對較低了。

　　然而對於停種菸葉是否會感到惋惜，林智興開朗地說：「如果還年輕，可能想再種，畢竟已經對種菸投資了許多心力，但因為年紀也大了，不種就算囉！」緊接著又打趣地說：「哪時菸農失業了，我也要為自己加油！」面對時代變遷下的產業沒落，林智興展現樸質又豁達的態度，不帶有絲毫抱怨和責怪。用那份對生命的積極，培育著美濃重要的糧食及經濟作物，也為土地灌溉出當地獨特的光彩與希望。

以膠彩勾畫
菸農的人生滋味
——專訪藝術家鍾舜文

撰／張凱清

鍾舜文，1978 年出生於高雄美濃山腳下，一個細心生活的膠彩藝術家，畢業於東海美術系研究所創作組，為客家文學作家鍾理和的孫女，鍾鐵民的三女兒。著作有《那年，菸田裡：斗笠、洋巾、花布衫》(2009)，及〈斗笠・洋巾・花布衫〉膠彩藝術展(2008) 等多場個展、聯展。

鍾舜文從 2005 年的 11 月底，開始拍攝採菸景況。2006 年因為想做更完整的紀錄，拍攝便一直延續到 2007 年。在當時部落格的年代，她會上傳當日拍攝的照片，分享與菸農們交流的心得。因此引起編輯的關注，才有機會在 2009 年出書。

鍾舜文在 2008 年至 2009 年間，進行菸農相關的膠彩創作。她深受爺爺與父親的影響，也以文字做為創作的媒介。

膠彩藝術家鍾舜文

鍾舜文撰寫《那年，菸田裡：斗笠、洋巾、花布衫》一書的動機，與家庭背景有關。一開始沒想過要出書，僅是純粹喜歡拍照，延續學生時代喜歡用相機紀錄生活的興趣。從小看著菸田景象的她，從未想過菸葉會廢耕，2006 年聽到菸田即將消失，她覺得非常可惜，藉此寫了這些文章。

為追憶而寫《那年，菸田裡》

人的慣性是，認為一個東西長久都會存在時，就不會特別去看它。菸葉在其他鄉鎮較少種植，但是對美濃外出遊子

來說，是回家的指標。許多美濃人家靠著菸葉帶來的高收入，培育了許多社會菁英，逐漸對菸葉有了認同。她當時覺得菸葉要消失了，卻沒有好好去認識它，印象僅停留在過年前後採收時期的熱鬧，沒有深入瞭解其他栽種時期，故想趁還看得到時，用影像做圖文紀錄。

在《那年，菸田裡：斗笠、洋巾、花布衫》一書中提到菸業的最後一年，是原定廢耕制度的時間，實際上並沒有真的結束。原因是農民的爭取及陳情，政府相關人士也南下視察，才使種植菸葉的年限不斷延後，2017 年才正式成為菸葉的最後一年。關於美濃農業轉型並非一、二年的時間，而是經過長時間的醞釀，像是種植蘿蔔在菸葉時代就存在了。

對照鍾舜文十年前寫的景象，與最後一批菸葉種植的不同在於，勞動者的身分改變了，出現了年輕的身影及新住民，更顯得那份熟悉感順著時間的洪流而封裝。此書承襲了爺爺與父親的觀點，並加入她自己重新的解讀，鍾氏三代站在不同的時間看同一片土地，使菸的記憶更加深刻。

以膠彩繪出菸農新生命

書寫與攝影，對鍾舜文來說是一個很好的前置作業，捕捉生活的感動，並運用在她自己的繪畫中。她說：「在創作

與鍾舜文的創作對談

上，寫文字只是我的興趣，跟爺爺鍾理和及父親鍾鐵民很不一樣，終究還是會選擇自己的繪畫專業。」憑藉文字書寫，讓記憶有個空間，使繪畫創作上，擁有充沛的靈感及養分。

以膠彩繪畫菸農，鍾舜文認為像是完成一個任務，因為值得為美濃這塊土地盡心盡力。她說：「只要夠熟悉，就願意付出很多時間與耐性，來好好描繪他們。正因為不在美濃，更能透過距離，在研究室裡仔細地思念家人，在繪畫的當下就覺得很有安全感，藉由一筆一畫，彷彿與他們很靠近。」創作是從最熟悉的事物開始，從描繪家人，再來到土地。然而，她笑著說：「就像現在想畫媽媽，但太過靠近，反而畫不出來。」對於菸葉的消失，某方面是可惜、捨不得的心情，對她來說更是陪伴了她的成長軌跡。

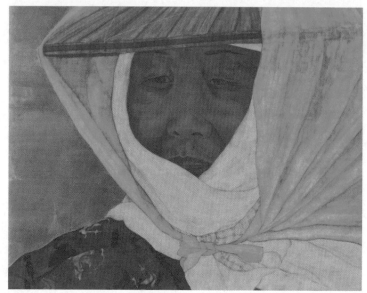

鍾舜文《恩榮伯母》2008，紙本膠彩，91 × 71cm

　　從另一個角度來看，菸業的記憶不只是情感上的依附，對於家鄉更是引以為傲的存在，並緊扣著美濃的生息。在美濃老家洗油畫筆，發現筆很黏不好洗，意識到清洗油畫筆的出汙水，會傷害自己所生長的土地，才選擇以膠彩當繪畫媒材。一方面因為膠彩來自大地的土壤及礦石，可以減少對於自然環境的危害，也不用在刺鼻的狀態下繪畫。另外，膠彩的創作過程手續繁瑣，要調膠、對膠及反覆上色，此緩慢的過程與鍾舜文的個性較接近，如同在山腳下的生活，是屬於她自己的生命節奏。

回憶起菸農的勤苦，才會覺得捨不得，即客語中的「毋盼得（南四縣音：m11 pan55 ded2）」。菸農下一代有自己的工作與生活，不見得想接手，也明白種菸已經是搖搖欲墜的黃昏產業，這些文化資產維護的問題，也同時需要政府投入，轉型成新的形式，才可能讓產業重生。

美濃相較於其他城鎮是幸運的，因轉型的時間醞釀夠久，讓美濃人較早意識到菸業轉型是必要的，更提前一步將農產多元化，在菸葉走向終點時，能有新的作物來支撐農業經濟。鍾舜文也希望菸葉能保留起來，開發其他方向發展可能性。像是菸草不只是拿來抽，也有驅蟲的功用，唯有找到新的可能，才能將產業傳承到下一代，勢必要脫離經濟命脈的思考方式，才能有保留的可能。

菸農談笑背後的人生況味

一棟菸樓在烘菸時，圍繞四周的田地不會種東西，因為烤菸的過程會散落一些化學物質，對作物的生長與收成有很大的影響，老一輩常用客語說農作會有「醉（南四縣音：zui55）」的現象。小時候在過年前後，會陸續看到種菸人家正忙著烤菸葉、看守著爐火、輪流守夜等繁忙景象，他們餓的時候，還會煨地瓜，這些印象是文獻難以細說的部分。

鍾舜文《風趣大叔》2009，紙本膠彩，92 × 73cm

　　在採訪菸農的過程中，總是看到菸農樂觀開朗的面向，拍攝菸農們在田裡都是有說有笑的畫面。若深入聊起來，仍然可以感覺到他們是辛苦的。鍾舜文反觀自己只是一身輕裝，扛著相機，對比他們一次扛十幾公斤菸葉，緊接著還要夾菸葉、送烘乾室等等繁瑣的工作程序，顯得自己只是一個微不足道的旁觀者。

　　菸農他們往往不會把累掛在嘴上，而用正面、開朗的方式來聊過去，像是他們會說：「繳菸葉繳出好幾個博士。」以此勉勵自己，還會講許多笑話，可以幫助他們紓壓。他們以過來人的身分談經驗，說得雲淡風輕，但更顯得苦味的濃厚。應該說農人的個性很樂天，也必須得樂天。受挫力與韌性要夠。在她想像中的菸農應該很勞累，但在《那年，菸田裡：斗笠、洋巾、花布衫》一書中所描寫的農民都很開心，因為在訪談過程中，他們不會將苦的部分說出來。

　　反觀爺爺鍾理和的文章，小說中可看到濃厚的「苦味」，但主人翁卻不喊苦、不怨嘆，充滿韌性與認命的特質，也捨得為家庭付出，積極面對人生須受的苦難。角色的人生觀，更體現了美濃菸農以正向的角度，坦然面對一切折磨，所以在她與爺爺及父親的文章中沒有一絲「抱怨的文字」在裡頭，但讀者仍可從字裡行間中，細心地去體會，菸農生活的苦味究竟是什麼。

後生迴庄　尋根之旅

——專訪菸業策展人童鈺華

撰／蔡依璇

身為客家委員會「築夢計畫」的築夢人，童鈺華在美濃愛鄉協進會舉辦的「後生迴庄」活動中，策劃了「ㄏㄡ、菸葉時代 ── 菸業概念展」。保留臺灣最後一季菸農們的身影，也收藏了文獻中缺少的，那抹真實人生的味道。

2016 至 2017 年，高雄市美濃區舉辦了「後生迴庄」藝文活動。希望「後生人」（南四縣：heu55 sang55 ngin24）回到自己的「庄」（南四縣：zong24），也就是希望年輕人回到自己的家，投入在地自然與人文的藝術創作。這項活動邀請了許多不同屆的「築夢人」回到家鄉，童鈺華便是當時的築夢人之一。

談到策展淵源，童鈺華說，美濃在烤菸時，一棟一棟的菸樓總是冒著火光。她當時不禁想，如果站在至高點往下看，會是怎樣的景觀？因此有了做地景藝術的動機，可惜當時經費不足。然而碰巧的是，在策畫展覽那年，正值臺灣最後一

用影像保留菸農最後身影的童鈺華

季的菸葉契作，於是轉而誕生了「ㄏㄡˋ 菸葉時代－－菸業
概念展」。童鈺華說：「我們想要撇開所有文獻，拿掉學術
的語言及角度，不探討菸葉的種植流程和技術，而是要將最
後、最後、最後一批菸農的身影留下。」在她重複了三次的
「最後」中，感受到一種保留文化與歷史的當務之急。

文獻沒有記載的菸業群像

　　童鈺華選擇在三月，也就是菸農繳菸的時間去買菸廠拍攝、紀錄菸農的故事。過程中發現，美濃後期因為菸牌的出售或轉借，以往在制度分區下凝聚的種菸小組，已經打亂分散，繳菸的人與場所也經歷轉變，因此在買菸場的互動已顯得較為生疏、制式化。大家傾向各自作業、繳完菸後也各自回家。

　　相較於美濃，高樹的菸區集中，菸農們彼此團結的性格較強烈，繳菸小組有如生命共同體。在現場，即使繳的不是自家的菸，也會全體一起盯著鑑定員，若發現鑑定等級有爭議，就會有領頭的站出來為菸農發聲。而如果有人在繳菸的路途中出狀況，大家會協調現場其他人先繳菸，並且派人手去幫忙將菸葉及時接到買菸場。如此緊密的運作機制與情感連結，從外部難以輕易看見與感受，坊間的文獻也缺乏了這一塊人情味的角落。

　　在最後一季菸葉契作終於到來時，菸農們續種的意願比重，大致走向五五波。有人認為菸葉收入高又穩定，對於靠天吃飯的農民來說，種菸就像其中的公務員。而有些菸農因為年紀大、後繼無人，或是不願子女接手農業等因素而決定停種，這項考量也成為菸葉走向沒落的原因之一。

　　此外，隨著世界衛生與健康的思潮，〈菸害防制法〉的出現讓抽菸增添負面形象，政府的立場不宜大力推行種菸，於是鼓勵轉種其他作物。過去行政院長陳誠曾說：「不吸菸是好人，吸菸是好國民。」當初基於龐大利益而推廣種菸與吸菸的時代已然過去。

　　再者，經濟與政治因素也成為本土菸業的一大危機，從國外進口的菸草已經有過第一級加工處理，臺灣菸農繳交的卻是一整片完整的菸葉，還須增加去梗、切碎的成本。且隨著人們抽菸口味改變，較嗆辣的臺灣菸已不受歡迎，菸酒公司庫存量不斷攀升，收益入不敷出。在政治考量上，菸農的人數與勢力不構成選票影響，也漸漸成為弱勢權益的少數族群。縱觀菸業的各個面向可以發現，每項產業的興衰都是一張複雜的網，由內而外的利益關係環環相扣。

讓歷史有跡可尋　與藝術相伴

　　臺灣菸業只是在廣大的歷史洪流裡，被汰選掉的其中之一。面對消失的事物，我們都無法力挽狂瀾。最重要的是將人身上的故事留下，而不是僅僅關注臺灣菸業的存在與否。畢竟菸業在臺灣佔據了如此長的一段歷史，不應該就這樣消失殆盡，至少要把名字和記憶留下來。

面對菸業的結束，用更開闊的心去接受。

　　然而，保留歷史卻也是臺灣較匱乏的概念與方向。除了忽略文化資產保存與對歷史的漠視，臺灣目前缺乏真正的產業博物館。童鈺華說：「所有在博物館看到的東西，都是被選過的，不可能把世界上所有東西留下來，只能看當時的人願意留下什麼，而我們現在，可以幫後代選擇他們能看到什麼。」因為臺灣特殊又敏感的歷史、政治局勢，日治時期的

建物曾遭受一定程度的破壞，國民政府並不樂意維護相關古蹟。因此，源於日本的老菸樓也遭受了公部門漠視的命運。

　　童鈺華說：「菸農對菸業的感受並非單一，每個階段的情感是流動的。」從兒時的埋怨到長大全心投入，到退休後以身為菸產的一員而自豪，或對於產業消失感到無奈。然而，菸農們最直接的態度便是與生活連結，對於自身產業並沒有思考多餘的文化或歷史意義。許多時候，反而是在產業外圈的人們所附加上去的轉譯與論述。但也因為如此，大家更能瞭解自己生長在這塊土地上的脈絡與景觀。

　　針對菸樓保存與再利用的議題，童鈺華給了相當文化性的哲學觀點，拋出一連串值得深思的問題，像是：「菸樓無法再利用就代表它沒用嗎？而閒置著沒有使用，就意謂要拆除嗎？」在臺灣對於歷史建築的定義，我們容易陷入過度二分法的思維模式，基於功利主義將建築化約為有用及無用兩種。不斷想將現階段無法使用的建築賦予利益用途或拆除，久而久之，臺灣的歷史空間越來越稀少，大家對自己的文化也越來越模糊。以菸樓來說，看似閒置荒廢的空間，卻也在閒置中、在荒廢中展現歷史與文化的意義。也許這個世代無法處理，那就留下空間、留給時間，等待後面更聰明的人出現，想出更好的方法，跳脫對於文化遺產二元分類的僵化思維。

夕陽菸業已西下
紅豆蘿蔔小番茄正火紅
——專訪菸農子弟蕭成龍

撰／張凱清

蕭成龍於民國 77 年前還在美濃農村生活，從小幫忙家族的菸草事業。讀專科後，到外地求學，也念了大學及研究所。畢業後成為職業軍人，為憲兵中校，假日仍會回來幫忙農事。民國 103 年退伍後，為了照顧年邁的父母，在半百的人生裡，選擇替美濃這片土地盡心努力，打造自己的小番茄品牌，將昔日的菸產家族事業轉型。

　　以前裝置烤菸架是男人的工作，因為菸樓高，木頭柱子也不太堅固，除此之外，當菸樓內的熱循環太高溫時會燒起來，因此要隨時控溫，以及注意是否有掉落的菸葉碰到牙管。這些高危險的工作，都由男人負責，嚴格禁止女人、小孩、太胖的人爬上懸吊烤菸的聯架。不過小時候蕭成龍很調皮，會在菸樓的木板上爬跳，當作遊樂場。回想起來，種菸真的

菸農子弟蕭成龍

蕭成龍種植的橙蜜香小番茄

很辛苦，夜半時分，小孩還得起床幫忙將烤好的菸葉放涼、堆積與壓實，不過辛苦的過去，卻很值得回味。

一脈相傳的菸葉故事

雖然家裡的菸樓已拆除，但冬天的記憶仍保溫。回憶起菸樓的印象，像是會在燻菸時，在菸樓烤地瓜和蛋，一邊烤菸，一邊聽黑膠唱片；在菸樓旁的床舖睡覺。冬天對蕭成龍來說，不僅是烤菸取暖，更是與父親輪流看火，相互依偎，並睡在他身旁的溫馨回憶，菸樓的爐火帶給老一輩很多回憶，而這些故事一脈相傳進他的心中。

因種植菸草產生交工模式，原因是人力上的不足。現在雖有交工，但因人工貴、年輕人少，沒辦法像以前請到那麼多人。不過蕭成龍家裡的菸產事業卻不用交工，因為他的父親有八個兄弟，加上祖父母、媳婦共二十個人，擁有充足的人力，可種植好幾甲地的菸草，屬於聯合大家庭結構的創業型式。後來大家成年了，兄弟姊妹會因收入分配而產生爭執，如同繁密的樹枝會分岔，最終還是分家了，這也是人生處境的常態。

蕭成龍分到一棟菸樓，但在人力上只有父母跟子女，因應人力不足，才開始有了交工。到後期才出現交工的模式，

蕭成龍的農創招牌

與多數菸產家庭有很大的不同。交工大約是由七到八戶的家庭組成,彼此交換,因烤菸需要七至八天的恆溫,且柴火不能斷,故大家輪流排好烤菸的日期。

俗話說人多嘴雜,交工文化也多了些紛擾在裡頭。像是談論每個人採收快慢、子女成績優劣的面子、誰燻的菸葉較漂亮、點心豐盛程度等等爭執,這些交工的細節,多少會影響團隊的工作氛圍。久而久之,菸班的組織會瓦解。在最後,有相同默契的自然形成一個團體,不契合的則分開。

菸業消失後的冬季仍有希望

一月到五月為美濃第一期的稻作,六到八月底、九月初則是第二期,十月天轉涼開始種菸,大約一月採收,以此形成美濃三期作物「稻稻菸」的循環。民國九十年代菸產開始轉型,主要是政府少種政策,與提倡菸害防制的新一代觀

蕭成龍的工作團隊,正在包裝小番茄。

念,故菸葉種植面積減少,於是開始思考要改種什麼作物來
替代。

　　農產的勞動力不如從前,迫使菸農去適應,要如何在最
少人力的情形找到合適的作物。蕭成龍說很多事情需要一個
轉捩點:「以前番茄是種給自己吃,後來因媒體報導而爆紅;
減肥廣告讓紅豆水暢銷,使種植紅豆的受益提高。」美濃人
不僅搭上時代風潮,也利用種菸累積下的豐厚資本,成功轉
型。菸產衰退之後,將美濃冬季菸草取而代之的是:紅豆、
白玉蘿蔔、橙蜜香小番茄。

正在討論農事的蕭成龍（右）

　　在菸產時代，美濃種植紅豆還不是那麼興盛，紅豆興盛之前大多是種植毛豆。蕭成龍還說自己小時候會採毛豆賺零用錢。近年因紅豆價錢不錯，毛豆面積就縮小許多。因應菸農的體力不如年輕時，會選擇栽種較輕鬆的紅豆來替代。今日美濃的冬季，可以看見將近一千公頃的紅豆田，紅豆成了美濃秋冬時期最大的作物。

蕭成龍和工人於番茄園裡工作

　　另一種取代菸葉的作物是白玉蘿蔔。白玉蘿蔔是以前為了不要浪費田埂畸零地的面積，種植在菸田旁的作物。種植的蘿蔔是自家吃的，吃不完的醃漬成客家特有的醃蘿蔔。從沒有想過，蘿蔔在現代會變成農產品。也正是因為有了行銷概念，及網路推廣，使白玉蘿蔔的銷量增加，農會也推廣拔蘿蔔的體驗活動與販售醃漬品。宅配更是開拓了銷售管道，打亮蘿蔔的名聲，成了美濃的招牌，替農民創造很大的經濟立基，並帶動當地的觀光產業。

　　第三種替代菸葉作物是橙蜜香小番茄。民國 93 年美濃的橙蜜香小番茄，使農業經濟出現了轉捩點，因試種成功，

而大面積推廣。起初是在路旁擺攤，後來觀光客與親戚朋友吃出了好口碑，才發展出團購的商業行為。從一開始透過貨運行寄送，發展到一定的經濟規模，才轉為以黑貓宅急便、新竹貨運進來收購。橙蜜香小番茄也是人力需求較少的作物，在利潤高的前提下，農家還是願意冒險，投資高成本、高風險去種植。橙蜜香小番茄可以說是近幾年，使美濃聲名大噪的關鍵，延續昔日菸城文化的精神。

新思維帶來更好的農業生活

很多作物都是一個轉機，遇到一個好的政策、有效的廣告行銷，產品就紅了，農民便會一窩蜂的種植特定作物。若現在報導番茄對人體有害，價格馬上下跌。由此可見，農作隨時受媒體宣傳的影響。因此，農產品的行銷更需要靠媒體，因應顧客如流水、市場的變化莫測，更要懂得創新，提高曝光度，這是現代農業與以前最不同的地方。假使政府現在仍收購菸葉，以農村青壯年人口不足及人口老化的現狀，更不願意去種植高勞力的菸葉，且燻菸時的味道也不好聞。在這個人人都想創業的時代，更沒人願意親自下田去務農。

菸葉確實給農民帶來富裕的生活，但隨著時代演進，某些產業必須面臨淘汰。時代潮流會慢慢推進，產業不可能永

遠在最高峰，農民須要嘗試新的農業經營方式，才可能改變臺灣農業環境。經由在地農會及農民的多次嘗試，慢慢找到合適的作物來種植，作物本身也會改善自己體質適應環境。農業轉型後，勞力是臺灣面臨的重大問題，不是沒有人力，而是沒有人願意從事農業，利潤高想種也找不到人，所以在美濃可以看見近百歲的老人採收番茄。

　　在菸產的轉型時期，農民若嘗試新作物有亮眼的成果，或在試驗所、改良場種出不錯的品種，政府便會大力推行。不過不是每樣作物都具有經濟價值，要看消費者是否買單。雖然農業的經濟需要政府幫忙，但農民自己也要爭氣，政府只是推農民一把，終究還是要靠自己。把品質顧好，透過產銷履歷、產品認證、推廣客群、行銷活化、包裝宣傳，提高農業的附加價值。若還停留在僅賣給大盤商的單向思維，利潤當然不會提高，要讓農業轉型，觀念也須改變。

　　青年回流對美濃是很大的幫助，以往大家鼓勵年輕人出去讀書不要從事農業，認為讀書是最好的成功方式。但現在，蘿蔔、番茄經濟價值提高，年輕人比較懂得運用行銷，為美濃帶來新氣象。蕭成龍也說自己回來務農，最主要的原因可以就近照顧父母，才間接發現農業這片商機。

二代菸農張志紘

舉例來說，當設定溫度到五十度，有時候會太高溫，還是要靠經驗去掌握。至於如何才能種出一等菸草？他表示有兩大要點要控制得宜：第一、菸草一整個植株一定要是最好；第

二、在烘烤方式上溫度要拿捏到位，才有機會做出一等菸的品質。接著他說，在繳菸時並不是等級有多好，政府就全盤收購，假使政府只要收兩百公斤一等的菸，等收滿一定的量，再有多好的菸葉也只能放在二等、三等。

臺灣菸酒公司面臨全球化市場的競爭，基於國產菸草採收成本昂貴，品質也不如海外進口菸葉，不得已向市場供需機制妥協，結束與菸農契作。對於菸農二代而言，菸業落幕之後，他們有什麼看法呢？

「菸葉停產後，我們變得更糟而已，哪有變得更好？如果我有變得更好，現在就不用貸款了。一個月要繳五、六萬元。如果沒有貸款的話，把那些錢存起來有多好啊！」身為美濃菸農二代的張志紘說，如果今年農作收成又不好，就要賠錢了。

轉作的經濟風險高

張志紘說比起種小番茄、白玉蘿蔔等，如果農村人口沒有老化太嚴重，他還是會選擇種菸葉。因為有政府用公定的價格收購。相較之下，小番茄、蘿蔔這些作物的價格，都會隨著市場波動起伏。番茄種四分地成本就要四十萬，而且它們都是一顆一顆那麼小顆，採得累個半死，又得不到相對的

報酬。因為沒有溫室，番茄又怕雨水，導致表皮裂開，打壞
價錢，造成嚴重的損失。有收成還沒關係，沒收成，就賠本
四十萬。

　　從他的話語中，看到菸草與其他農作同樣要經過一番辛
苦的耕種，但是農民只要與政府有契作合約的層面，菸農也
就擁有免於市場波動的金牌在手上，努力耕作，就絕對有可
觀的收入，這也就是種菸之所以對農民有一定保障的原因。

　　當專訪進入尾聲時，張志紘感慨說到：「臺灣農業在這
一、兩年景氣真的很差，以前還不會喔！怪不得上一輩都不
喜歡我們這輩接手家中農業。耗時費力，錢還沒賺到就先賠
一堆。怪不得很多都說做農的儘管餓不死，也不會有錢。」

　　從訪問的過程中，張志紘的例子，可以看出菸農們少了
菸葉這項穩定收入，農民所種的其餘作物，必須與便宜的外
國農產品對抗，對內又得面臨臺灣農業人力老化的現象，以
及市場飄移不定的價格波動。在這雙重夾殺下，無力與市場
議價的農民，像是餐桌上的魚肉任人宰割。對辛勤耕種的農
民來說，每一次的耕作，種的不只是作物，更是滿腹的辛酸
與無奈。他們要如何在夾縫中求生存？政府又要如何為臺灣
農產品創造農業加值的效果？都是值得探討的問題。

「果然紅」有機農創
點燃在地亮點
——專訪高雄青農蔡佳蓉

撰／蔡依璇

原本是上班族的蔡佳蓉，幾年前返鄉接手家裡的農事，全心投入在地農務，致力於推廣農村體驗與有機種植，開設「果然紅鄉野學堂」。透過新興模式運作傳統產業，結合文化與藝術，讓外地來的觀光客及返鄉的美濃人，能細細品味深度的在地氣息。

　　蔡佳蓉回到美濃從事農務，致力於推動農事體驗。她說，看似美好、有趣又有觀光價值的活動，仍然有許多改善與成長的空間。她指出最重要的是：「不論是農事體驗或任何活動，若沒有加入教育元素，那體驗反而變成一場災難。」她描述近期農事體驗中觀察到的狀況，像是拔完蘿蔔的田地，卻留下滿地的蘿蔔。這是由於消費者在挑選後任意丟棄，造成浪費。或是小朋友在田埂上奔跑，直接踩在蘿蔔上，而一旁的大人對於珍惜農作的意識卻顯得薄弱。

果然紅的創辦人蔡佳蓉

消失的菸業 餘溫仍存

　　針對這樣的現象，蔡佳蓉的因應方式是做行前宣導，她活潑地說：「我告訴觀光客，無論大蘿蔔、小蘿蔔，都是好吃的蘿蔔。」希望大家不要拔起後又隨意亂丟。除了行前宣導的柔性教育，她還會在蘿蔔田搭繩子分區，確保每一位消

費者的權益以及體驗品質。此外蔡佳蓉還提到，若能夠讓人們不僅體驗採收過程，還在活動中結合料理與食用，可以使消費者更瞭解並且更深切體會到，友善種植的差別及意義。

透過不施肥、不用藥的友善種植，農作物在外觀、味道及保存新鮮度等等都有所不同，對於土地的負荷也較小。民以食為天，但大眾卻時常缺乏挑選食物的觀念，總是喜歡外表漂亮的農產品，農民為講求外觀便大量施肥、用藥，導致環境生態及食物鏈的惡性循環。

對於現今臺灣菸業消失，蔡佳蓉說：「雖然時代不同、背景不同，但有些同樣的事情還在，以不同方式存在著。」例如從菸業開始產生的交工文化，到現在仍影響著美濃農業的互助方式。蔡佳蓉回憶到，起初返鄉種木瓜也進行了交工模式。颱風季節時，因為木瓜怕風怕雨，且擔心網室受強風撕裂倒塌，便會跟其他的木瓜農交換工，大家合作先把一個農區的網子架好，再接著下一區，互相幫忙可以省下人力與成本。然而缺點是，有時輪到搭建自己的網室時，風災已經來了，損失也只能自行承擔，這時心裡難免不平衡，於是蔡佳蓉慢慢在過程中學習，學會了技術就不需要再加入交工。儘管只靠自己相當耗時費力。原本人手多，一個小時能搭建完的網室，若只有一、兩個人就得搭五個小時。因此，農務工作中其實藏有非常多取捨問題。

關於繳菸的小故事，蔡佳蓉分享到，從日治時期直到現在，臺灣一直有獨特的官場文化，當出現利益競爭或權力關係時，就會有「不得罪」、「增添好感」的習慣。有些菸農不願意討好、賄賂，菸葉就會被降級，繳菸時也可能會處處被找麻煩。在當時的專賣制度下，類似這種不公平的待遇時有所聞，於是「菸業」又俗稱「冤業」。

合力耕耘 結出纍纍的果實

停止種菸後，輔導產業轉型相當不容易，以美濃的白玉蘿蔔為例，由於蘿蔔的重量與數量龐大，採收時需要繁重的勞力負擔，對於面臨轉型的老農來說非常吃力。

在過度期的困境中，農會也在思考轉型的各種方案。像是起初發展出的股東會，這是一套農會與農民的契作制度。在農會與農民簽約一片耕地後，農民必須依照農會規定的方式耕作，像是限制農藥與肥料用量。到了收成的季節，農會就會宣傳活動，讓人來採收，並且以一股一定價錢換取相等面積的農作物。

農會有如扮演廣告經銷的角色，達到農民與消費者兩端的需求平衡。而在近期，農民開始有自家的宣傳招牌，親自邀請觀光客到田裡採蘿蔔，從中看出農民在時代演變下的成

蔡佳蓉侃侃而談美濃農業的轉型

長與進步，多了包裝與行銷的概念和運作能力。蔡佳蓉認為，
對於臺灣農業來說，這是一個好現象，代表農民不再需要依

Go Red Natural Life

蔡佳蓉與丈夫羅元鴻的農創品牌，果然紅（蔡佳蓉提供）。

賴農會系統才能銷售。除此之外，農會也在蘿蔔收成的季節提供蘿蔔清洗機，減輕農民的勞動負擔。

對於美濃在停菸後的產業轉型較其他地區快速、成功，蔡佳蓉說有一關鍵原因便是美濃的農會系統。她表示，判斷一個地區的農會要從當地農產的運銷方式切入，如此可以看出相當的落差。

有些農會認真做事，有些農會則淪為選舉時匯集票倉的地方。此外美濃的轉型成功案例，還有一個原因是當地人的愛鄉意識較強，許多退休的人會回到這塊土地，參與環境或是社會運動，以鄉下來說，美濃是非常活躍的農村。

追溯美濃的文化脈絡，由於地理位置三面環山，早期交通不便，生活型態較封閉，間接保留了較深的傳統的族群性，因此沒有受到太多時代變遷的稀釋。

菸業文創
與展覽的可能面向
——專訪菸業學者陳涵秀

撰／張凱清

陳涵秀，英國 Aberystwyth University 人文地理博士，現任臺北科技大學文化事業發展學系助理教授，長期研究全球與臺灣菸業。相關期刊論文有 2018〈鳳林鎮菸業與日本移民村文化遺產的生產與意義轉換〉，發表於《臺灣文獻》69 卷 4 期（南投：國史館臺灣文獻館），及多篇英文期刊論文。

　　陳涵秀因為熟悉花蓮在地，長期做田野調查，也對文化資產的領域較感興趣，才選擇研究菸業。原住民民族學系出身的她，修習的過程中，發現自己對於原住民以外的臺灣文化較為關切，因此大學期間也跨修了歷史系的課程，將從小對於文化資產保存的興趣，提升至專業程度。鳳林從客家城鎮的概念進行社區營造，發展一段時間之後，發現在地的菸業文化，與美濃的菸業王國處於文化重疊的關係。

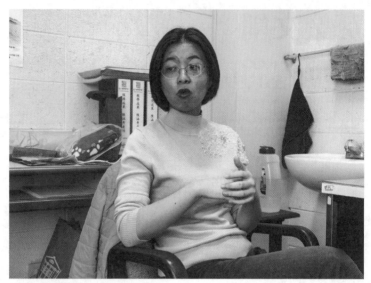
長期研究菸業的陳涵秀助理教授

菸樓維護與社區營造

　　鳳林菸產不像美濃那麼蓬勃，所以必須追溯到最源頭，對鳳林歷史進行爬梳，才確立以日本的移民村歷史，作為奠定鳳林在地文化的核心。到了近年，鳳林被義大利認證為國際慢城（Cittaslow International），也是全臺灣第一個成為國際慢城的地區。

　　國際慢城組織在 1999 年由 4 個義大利小城鎮組成，以不改變生活節奏為前提，促進地方經濟成長、提升生活品質

的全球組織，Logo 為蝸牛圖案。鳳林透過「慢食」和「慢活」等條件通過審查，成為國際慢城組織會員。

為了維持國際慢城認定的標準，必須每年反覆檢核，所以菸樓相關社區營造的績效，成為持續獲得認可的重要依據，菸業文化便成了維持國際慢城的必備要素。由於因菸樓非公家財產，所有權難以劃清，因此，菸樓的再利用與經營，必須徵得每位所有人的同意與共識，才能進行下一步的修建。以美濃地區來說，菸樓分布較零散，也缺乏第三部門的協助，導致維護受到侷限。

花蓮縣鳳林鎮因人口外移，造成當地生機荒蕪，只能由政府積極與其他民間團體合作，透過社區營造改善此問題。鳳林菸樓重修後，先經由政府經營六年，再還給擁有人。菸樓雖經過政府的整修，但因再利用的方式，無法具體增進消費性的產值，因此當地政府停止社區營造的相關投資。這也是目前臺灣文化資產再利用，普遍會遇到的窘境。菸樓回歸私有後，面臨擁有人相繼離世的問題，像是陳涵秀提到，有一戶菸樓的擁有人為一對老夫妻，老先生去世後，留下身體不便的老太太，也不方便再開放菸樓給其他人參觀，更別談修繕的問題。以全臺灣來說，鳳林的廖快菸樓，是目前再利用與文化性兼具最完整的菸樓。菸樓旁的倉庫也改建成民宿，且曾經有外國人在廖快菸樓經營餐廳。

各國看待菸業展覽的不同態度

在討論修建文化資產過程中，必須提出預期成果，是否能帶給在地回饋？更值得反思的是，在開發的過程中，臺灣還剩下多少東西？又還有哪些東西在未來會消失不見？這也是學校為什麼要教歷史的原因，一個有文化素養的公民，勢必要了解過去的生活。假若菸樓、古蹟等文化資產都消失了，歷史課本出現的東西，也無法與現實生活連結。因此關於文化再利用的議題，也必須緊扣原產業的淵源。

一個物體，會出現在特定的時空與特定地點，是具有意義的。若將它置換，那麼將改變它的存在。像是鳳林的菸樓多為獨棟式，在美濃則很少見。鳳林之所以會出現獨棟式的菸樓，也跟日本移民村的發展脈絡有密切關聯，故這種形式的菸樓會出現在鳳林，而不是美濃。

全球的菸產文化保存，相同都面臨了菸害防制觀念的挑戰。荷蘭曾有博物館因為展出菸葉被強制關閉；美國則有因為類似的事件，於是博物館向媒體投訴：「為何不能展示沒落的菸業文化？」日本對於菸的看法卻很不同，在日本有許多的公共場合是可抽菸的，因對於香菸的接受度高，位於四國的博物館還展出菸絲，展現日本細緻去關心文化的民族性；希臘的北部地區，有些會在放置菸葉的倉庫旁，擺設菸農人

陳涵秀舉辦的「燻烤吧一九七〇」菸業博物展

像的雕刻作品。關於菸業博物學的爭議問題,最終還是與「社會觀感」最為密切。

　　臺灣菸酒公司在 2017 年宣布不再收購菸葉,對於菸產展覽的反彈有稍加減弱。陳涵秀提到許多菸產的展覽與活動,可以與菸害防制的活動共同結合,也就是打破展覽不敢去觸及的負面向度。在現今的博物觀念,要進步到包容正反兩方的多元思維,體現那些不被看見的聲音。

　　隨著時代的進步,更可以嘗試將菸產轉化成桌遊、繪本及高科技,像是融合 VR 實境,去吸引人潮;高雄市政府客家事務委員會也出版《繪本菸樓》,將鍾理和的短篇小說〈菸

樓〉加以媒介轉譯。因大家不喜歡看太死板的東西。導覽老
師也開始學習，如何用說故事的方式去行銷菸業歷史，不能
像過去一樣，只靠單一的管道去執行，也不能只靠政府。

做菸業資產研究的動力

　　研究菸業的過程中，有許多讓陳涵秀感動的地方，像
是在鳳林曾經從事菸產的大戶人家，會在烘烤菸葉的期間，
請說書人來替輪班的人講故事，也會搬運大冰塊製作剉冰，
加入甜湯，為夜生活增添一些趣味；師父級的菸農，在烘烤
過程中，從窗外觀看菸葉的顏色，判斷何時該抽柴？何時該
放柴？這些曾經在花蓮發生過的小細節，以及無時無刻的感
動，對她來說都是研究菸業的動力。臺灣菸產最大的特色就
是產業跟著時代走，並嫁接在專賣制度上，更可透過此產業
與社會關係，看出社會階級的控制端與被控制端。

　　日本人是雇主，臺灣人是傭人；菸農較其他農民生活更
加富裕。還有臺灣的菸草種植與加工技術，非常考驗學理與
經驗。前期也沒有專家做出學問來依循，使得菸農必須憑藉
上一輩的智慧與經驗傳承，來種植及加工。相較國外，臺灣
因種植菸葉的面積有限，若一季的菸草，種不好或烤不好，
會是一樁賠本生意。國外菸業多為機械式，且會雇用童工，

燻烤吧一九七〇展場的菸葉種子袋

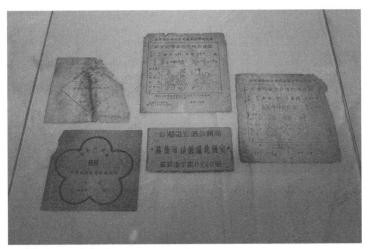

展場展示不同年代的菸許可證

展示的菸農工作服

臺灣的童工大多是自家的小孩，可以聽到菸農分享自己事業有成的心情，及菸農小孩的勞苦童年。作為菸農小孩，必須犧牲許多玩樂時光與唸書時間。陳涵秀說不少男性在當完兵後，藉此時機到外地工作，才擺脫家裡的菸產事業。

　　科技需要大量資金的投入，就怕到最後只是一個噱頭，流於形式，使文創產業缺乏內涵，變成只有消費的膚淺價值。臺灣近年處在一個多方意見彼此撞擊的年代，看似混亂，似乎沒有讓價值與認同感有個安身立命的地方。但也因為這樣，在放大檢視的過程中，使大家開始關心自己土地的問題，這是上一代不談的議題。以現實面來說，臺灣要保留的東西實在太多了，卻沒有足夠的資金去修復，無法全部保留，必

將菸葉作為觀賞植物種植，放置展場。

展場展示研究菸業重要文獻《台菸通訊》

須取捨。以經濟產值進行思考。學術界對於文化的資產的定義,也努力在修建當中,像是屏東菸廠,因為是工廠,而無法納入文化資產維護法的管轄。法律也正持續修正中,臺灣的文化資產維護仍有希望。

令人感慨的是,許多十幾年前訪談的耆老相繼凋零,也更加激勵陳涵秀舉辦菸業展覽,不僅是回饋,也是紀念研究的心路歷程。回到臺北教書後,開始擴張研究範圍,從東部延伸至西部的菸業文化,同時關心國際,保存菸業相關的文化資產。她覺得這個研究題目,總是可從舊時代挖到新寶藏。從一開始的文化資產角度研究菸業,過程中也是因熱愛花蓮這片土地,才能支持她到現在。雖然教書之後,研究的時間變得較零碎,但還是會盡心盡力去回饋這片土地,久而久之,菸業這個領域就變成她自己的興趣。

修復菸樓　修復回憶

──專訪菸農子弟黃鴻松

撰／蔡依璇

任職於高雄市龍肚國小的黃鴻松主任，是出生於高雄美濃的菸農子弟。就讀樹德科技大學建築與古蹟維護研究所時，他做了一系列的菸樓調查，也參與過菸樓修復計畫。如今投身教育界的他，仍對臺灣菸產的記憶傳承充滿期許。

　　由於小時候參與過整個產菸過程的辛苦繁瑣，黃鴻松兒時對菸葉感到非常討厭。然而長大後，不再是投入菸產的一員，他卻開始以充滿個人情感的視角去觀看這項產業。黃鴻松說：「時代是前進的，回過頭去看，它留在美濃的發展史與臺灣的農業史，曾經為那個時代貢獻過它的功能，現在則是在文化上的功能。」

　　從小在農家出生的黃鴻松，長大後站在教育者的角度，致力於推動實農教育。回顧兒時在務農社會中深厚的家族情感，他發現升學主義下的孩子們較匱乏的是對生命的感受力。他認為從小體會過農事的孩子，體力與耐力較為堅韌，

龍肚國小的主任黃鴻松

無論身體或心靈都比較強壯，也會懂得感恩父母、珍惜食物。黃鴻松說：「農事教育是一種品格教育。經過這段歷程，對農村的小孩將會是很重要及珍貴的養分。」

　　在勞力密集的時代，菸產發展出獨特的交工文化，人們互助合作，以力換力；以利換利。然而，讓工作順利完成的交工模式中，其實有著許多鉤心鬥角的「小插曲」。黃鴻松略微沉重的語氣說到：「像是我的姊姊，國小、國中時期就出去交工，總是會被嫌棄。」從交換對象的勞動力高低比較，到分工時哪一戶煮什麼點心，伴隨交工而來的，有人與人之

間的利益關係與閒言閒語。

　　然而，有陰影之處也一定有光彩，黃鴻松回憶著說，從交工中也衍生出許多美好、快樂的農村景象，同一個勞力圈的人們，在農暇時會互相支援、共同出遊，變成一個相互照顧的生活圈，隨著農務工作，烘烤菸葉的溫暖氣息也蔓延至種菸家庭彼此的生命中。

脆弱的老菸樓　搖搖欲墜的再生希望

　　面對臺灣菸業的沒落，黃鴻松說道：「農村社會與人口結構的變化連動著產業變遷，人口老化、少子化與年輕人外流，都使勞力非常密集的菸業慢慢面臨淘汰。」早已緩緩落下的夕陽產業，餘暉黯淡，而 2002 年加入世界貿易組織（WTO），　就像是最後重重的一拳，讓臺灣菸葉走向真正的結局。

　　在黃鴻松就讀樹德科技大學建築與古蹟維護研究所時，臺灣對歷史建築及產業文化資產充滿復振的社會氛圍。身為菸農子弟的他，決定將菸樓當作論文的研究議題，開始調查菸樓、訪談菸農，並撰寫碩士論文《全球化衝擊下鄉土教育深化之研究：一位美濃社區教師的詮釋》。他說：「我覺得菸農們就是我的家人，因為我們曾經是生命共同體，我們有

現今臺灣為數不多的菸田景象

相同的歷史。」對於菸樓的老建築再利用，黃鴻松稱之為「菸
樓再生」。調查過許許多多菸樓的他，娓娓道來關於菸樓保
存、修復與改建的困境。

　　從第一步的發想開始，再生計畫就已經面臨危機。因為
每個菸樓的空間都一樣，過於相似、單調，不足以應付多樣
化的創意。本身就是一個大烤箱的菸樓，為了保持室內密閉

與恆溫，無法如同一般建築開許多扇窗戶；而早期以泥土、牛糞作為建料的結構，沒有竹片骨架，帶來安全上的疑慮。從建築本身的條件來看，再利用的形式已受到非常多限制。

　　大阪式的老菸樓要再生，除了外在的建築結構充滿挑戰，內部空間也是一大難題。黃鴻松提到客語裡的「分灶（南四縣音：bun24 zo55）」，也就是菸樓的中央本體，為了良好的排濕與保溫效果，內部是用泥磚堆砌而成，且裡面搭著一根根曬菸的聯架，縱橫交錯。上方為排煙的太子樓屋頂，狹窄潮濕的空間很難另尋它用，多數僅作為儲藏室。對於菸樓再生來說，較好發揮的僅僅菸樓的外觀造型及周邊的土地。

　　早期先民蓋樓時，由於空間用途不同，建造時的思維也不同，作為產業空間的菸樓並不像住宅蓋得安全、漂亮。當時人們對菸樓沒有長遠利用的想法，營造技術也不夠先進，且後期電腦烤菸室取代傳統菸樓的功能，農民不再花時間與金錢整修，因此，菸樓的保存很少人在意了。每次經過地震、颱風的摧殘，菸樓就一間一間倒塌，甚至變成空地或果園，有的閒置荒蕪在道路兩旁，為土地增添一抹淡淡的滄桑。

　　關於菸樓的再生，黃鴻松提到曾出現過的特別提案，比如延續菸樓的烤箱功能，把它變成燻香草的「香樓」，或是轉換為其他觀光、教育場域。然而礙於老菸樓從裡到外的種

種限制，空間轉型成功的案例少之又少，較為人知的有位於高雄美濃的「香蕉與黑膠民宿」，為後期的電腦式菸樓改建而成。其餘留下的菸樓，多數成為雜亂蕭條的倉庫或廢墟。

工業社會　壓縮生活的能動性

針對菸樓再生計畫的程序，黃鴻松補充說明到，菸樓的改建修繕作為公家標案，透過公開招標的制度無法限制競標者的技術門檻，有些工程拆除過多元素，改變了菸樓本身的特色與精神，有些因為技術不夠完善成熟，修繕後仍不敵地震、風災而倒塌。

「我們有修復過菸樓，依照原本的樣貌去修復，而不是拆除它。」當時正在讀研究所的黃鴻松與指導老師李允斐一起著手修復，並且向民間社團募集資金、申請政府計畫。黃鴻松表示，美濃曾經有兩千多棟菸樓，但卻沒有一棟可以完整地讓人參觀，或是當作教育場域，因此想做一間「菸樓教育館」。此時，說話十分溫和的黃鴻松堅定有力地說：「我們強調的是，要修一間還可以用的菸樓！」

「菸樓是有味道的、有溫度的；那種燻菸的香味、生火的溫暖。」黃鴻松慢慢說著，瞳孔望向遠方、望向一段遙遠的時光，菸樓彷彿佇立街道兩旁的大烤箱。令他難忘的是，

以前到了烤菸時期的夜晚，每棟菸樓都得有人守著火爐，密集的菸樓群總是燈火通明。家家戶戶之間會「打鬥敘（南四縣音：da31 deu55 xi55）」，一起吃東西、聊天，從事好玩的活動，店面也會延長營業時間，整個熱鬧的農村徹夜未眠。

回顧整個臺灣的種菸歷史，黃鴻松提到了農村生態與模式的轉變。早期種菸要符合資格、並抽籤獲得許可，到了後期，許可權的出售與轉讓漸漸使權力集中，走向以工資聘請人力的企業化經營，從此打破原有的交工模式。過往那幅以交工、菸樓和菸田三者交織而成，美麗浪漫的農村景象已不復存在。

到了現在，一切更講求效率。沒有過去的合作互動，取而代之是僵化的金錢交易。黃鴻松形容：「以前的社會互動是立體的，辛苦也好；滿足也好，層次比較豐富。但是，企業化之後，人與人之間的合作模式變成平面的，一切講求最高效率，在這當中失去了勞動的美感，以及人與人互動的美學。」

令人好奇的是，對於一個教育者而言，要如何向下一代的孩子說明臺灣菸業？黃鴻松笑著說：「我曾經有一段時間很密集地講述它……」停頓了一會兒，他皺皺眉頭往下說到：「但後來發現產業已經消失了，只能當成歷史課，很難引起

在龍肚國小的各處，都是大自然的教室，十分重視生態與人文。

學生們的共鳴，他們離這些東西很遙遠了。」黃鴻松感慨：
「很遺憾沒有好好保存，最主要就是再利用的問題，但我們
也努力過了。」

　　近來，臺灣教育界推動本土化、在地化，菸樓從單純的
產業建築，演變成具有代表性的地方文化指標。許多學校、
文物館等公家機關的建築開始植入菸樓意象，無形中達到了
教育與傳承的訊息。「雖然菸樓不用了，但留給土地的文化
因子還在。」黃鴻松如此說著。

讓曾經的輝煌走得久一些

——專訪鳳林文史工作者劉青松

撰／張凱清

劉清松，花蓮縣鳳林鎮人。曾任花蓮縣鳳林鎮公所秘書，現為花蓮縣鳳林文史工作協會理事長，並創辦花手巾植物染工坊。曾申請經費近新台幣一千萬，修復鳳林鎮上的四座菸樓：徐家興菸樓（花蓮縣鳳林鎮大榮二路和民有路交叉口）、余相來菸樓（花蓮縣鳳林鎮大榮三路 21 號）、林金城菸樓（花蓮縣鳳林鎮大榮二村復興路 55 巷底）、廖快菸樓（花蓮縣鳳林鎮復興路 79 號）。徐家興菸樓、余相來菸樓於 2015 年整修；林金城菸樓、廖快菸樓於 2016 年完成。

劉清松說，菸對於軍隊中的男人來說是很重要的精神寄託。他從日俄戰爭後談起臺灣菸產，在 1915 年發現大陸軍隊對於菸的需求很大，日本又在美國的維吉尼亞州發現特別的「紅花菸草（*Nicotiana tabacum*）」。此菸草烘烤後呈現金黃色，味道較其他種類來得嗆，日本稱之為黃色菸葉。

鳳林文史工作室理事長劉青松

菸葉的金色榮光

　　1916 年臺灣總督府開始設立日本的移民村，在吉安、鳳林、豐田地區。其中就在吉安的吉野村，開始種植東部的第一批菸草。在移民村裡，日本雇用臺人從事菸葉的生產及烘烤，日本人離台後才出現以工換工的模式，在東部稱之為「換工」。換工的景象，只有在師傅級的菸農大戶人家才可看見，同樣的東西，在高雄美濃及屏東北部地區則稱作「交工」。

　　日本人離臺後，花蓮各地將菸草產業承接下來，但因花東夏秋的颱風、秋冬的東北季風及土地貧脊，故將菸草產業

轉往屏東北部地區及部分西部地區。民國時期臺灣開始以電腦控溫的方式來烘烤菸葉，更使黃色菸葉進入菸產的黃金時代。里港、高樹、內埔、新園及高雄美濃一帶，特別是美濃的氣候及排水良好，因而成為菸業重鎮。而花東地區的菸草種植面積，不斷縮減且變得零散。從日治時期開始種植菸葉就有政府的補貼政策，一直到 2017 年，菸酒公賣局停止收購，菸產才正式脫離國營事業。花蓮最後一批菸葉於 2016 年在富里結束，而東部菸產重鎮鳳林，則在 2014 年提早結束。

菸葉長到 180 公分左右，便開始開花。必須立刻將菸花摘掉，除了擔心養分被搶走外，政府也擔心菸農私藏種子。而採收菸葉時，都會留 15 到 16 片葉子，讓它繼續生長，一株大約採收 3 到 4 次。鳳林氣候較冷，有些菸葉會在清明前後採收。菸葉必須在菸樓烘烤七天六夜，並且要保持恆溫，不超過攝氏 70℃。菸農與公賣局或輔導站的關係要夠好，讓自己繳出的菸可以評個好價格。菸是保價收購，每戶菸農將烤好的菸，繳交給菸廠。不同大小的菸田面積，決定了繳交菸葉的最大數量。

若是烘烤菸葉的成功率高，有多出來的菸葉，繳菸廠也不會收。且每一級的菸，都有固定的繳交額度，所以每戶菸農的收入是可預期的。一甲地的量可以供一家人一年的溫

飽。一般的菸葉輔導站都只是初步的繳交，再由菸廠做最後的整理。松山菸場（今日的松山文創園區）只做捲菸，不製菸。臺灣整個生產流程的「公賣制度」是全世界特有的。

東部與西部菸業人文差異

在地的菸產在臺灣進入世界貿易組織（WTO）前就大幅度縮減，促使花蓮各地區的菸產結束。鳳林因土地貧瘠、天候不良及排水不良，沒有什麼產業可以替代菸業，人口自然外流。劉青松說花蓮的菸產沒落，在臺灣 60 年代的輕工業時期，花蓮在地居民轉往加工出口區，加上菸葉要種要烘的過程太考驗技術，再來東部地區的田地排水系統沒有西部好，對菸產量有很大的影響。

鳳林約有 65% 是客家人，相較美濃 80~90% 是客家人來得較少。美濃菸農教育子女的方式，會期望子女認真讀書，未來別再從事菸產，過更好的生活；反之鳳林的菸農較不具傳統的客家意識，故不會強烈要求子女在課業上的表現。「鳳林出校長，美濃出博士。」追尋這句話背後的歷史脈絡：美濃的博士多為菸農子弟出身，菸農將收入，盡心栽培子女；鳳林的校長卻沒有一個是菸農子弟。劉青松認為，關鍵是「教育」。美濃的客家環境較純粹，就算從事菸產帶來富裕的家

庭生活，還是會希望子女透過讀書，替自己的未來找出路。而鳳林的菸農則是沒有遠慮，覺得菸業能夠賺錢，就不如傳承給子女。

西部地區與東部地區，除了在菸業接班的觀念有很大的差異外，菸樓本身的建築結構也是。美濃的菸樓多為與夥房或住家結合，很少有獨棟的菸樓。花蓮地區的菸樓則因日本移民村背景，多為獨棟式的。臺灣的菸樓分為大阪式與廣島式。大阪式的屋頂有排氣用的太子樓，以人力柴燒的方式烘烤菸葉；廣島式有小型的煙囪，以電子烤箱的形式來烘烤菸葉，是較為近代的菸樓。臺灣九成的菸樓都是大阪式，此建築結構排氣效果較廣島式良好。大阪式菸樓上方的排氣室，相似於日本的武城，故稱為太子樓。客語稱太子樓為「菸間（南四縣音：ien24 gian24）」、「菸樓（南四縣音：ien24 leu11）」，閩南話「太子樓（漳州音：thài-tsú lâu）」，華語很少稱此類型菸樓為大阪式菸樓。

修復菸樓延長金色記憶

劉青松擔任鳳林鎮公所的秘書時，申請經費將四棟菸樓翻修。修整完後有五年屬於政府，之後歸還給原本的主人。不過現在四棟菸樓的原主人，有三位已經不在了，僅剩余向

來菸樓。菸樓對於他來說是深刻的，但對當地年輕人的印象來說是稀薄的。他經手修建徐家菸樓時，與歐洲的學者共同合作，扭轉了傳統的日式菸樓形象。他認為，修建菸樓是為了讓菸樓多活約 20 年，讓曾經的輝煌走得久一些，希望將「種菸好苦」的記憶保存下來。

種菸的日子雖苦，但保存菸樓的意義，就是因為還有值得回憶的價值。他的同事，為了追尋曾經的菸草記憶，下班仍種植菸草。所以說每棟菸樓都有喜悅、辛酸的成長故事。有趣的是，以前在鳳林大榮一、二、三村可以聞到烘菸的味道，若在路上聽到消防車的聲響，就是有人家的菸樓失火了。

反觀這些故事，臺灣人對於菸樓的記憶有多少？轉型菸產的創意又有多少呢？因為時代，使產業不得不變遷，鳳林 65 歲以上的人口占了 25%，重新替鎮上注入的活力又有多少呢？菸樓再利用的困難，一來是因為菸樓是私人的，政府很難干涉；再者因為結構本身就是一個烤箱，難有商業的再利用性；三來日治時期的菸樓營建技術，不符合目前的建築法規，考量菸樓使用上的安全性，以現在的觀念來說就是「危樓」；四來因為建築本身是木造及黃黏土結構，找不到傳統工法及適當的材料修復。最後要思考花東人口少，消費力不足，故再利用的可能及效益很有限。

菸樓會因菸業消失
而顯得更美
──專訪推動菸樓修復的戴國健

撰／張凱清

戴國建，新竹縣湖口人，跟隨父親來到鳳林生活。為花蓮縣鳳林國小退休校長，同為文化部校長夢工場創辦人。長期關注花蓮的日本移民村文化、鳳林的校長培育及菸業相關文史，招集鳳林校長群及在地文史工作者，修建鳳林鎮上的四座菸樓，花費近新台幣一千萬，是菸樓修建的幕後推手。

　　戴國建的伯父是第一批在花蓮當校長的臺灣人。他父親因生意失敗，在伯父的幫忙下，離開家鄉新竹湖口，來到了花蓮鳳林發展。他說大概在民國六十年代，明顯感受到臺灣的經濟起飛，並轉型為二、三級產業，就有預感在地的農村經濟型態將被淘汰。民國七十年代，開始有許多人去臺北工作，菸產開始大幅度的消逝，早在臺灣進入世界貿易組織（WTO）前，菸產早已面臨淘汰。因當時的菸農覺得種植每

戴國建校長

期的菸就像賭博，脆弱的菸草就像公主，難以呵護。菸農也
想改過較安穩的日子，才放棄既定的生活，到外地求生。

「鳳林出校長」和菸田之間

　　鳳林在地的菸產，早在民國 92 年進入 WTO 一、二十
年前結束，根據鳳林戶政事務所的統計，民國 92 年鳳林鎮
人口僅剩一萬三千六百多人。點出鳳林地區的菸產沒落，直
接因素為臺灣的產業轉型，間接因素是大量的人口外流。所
以在地人自嘲，「鳳林的田地是全花蓮地區最多的，但休耕

休得最嚴重的也是鳳林」，顯示著鳳林農業的危機。今日，民國 107 年鳳林鎮人口僅剩一萬八百多人，成了全臺灣人口數倒數第二的鎮，根本無法供給菸產所需人力，更別談菸產復甦的可能。鳳林的菸農，面對菸產的結束，態度順其自然，不去強求什麼，賠錢的生意沒人做，畢竟臺灣菸產成本，較國外多出了三倍。

日本政府離開臺灣時，將菸產許可證轉賣給鳳林的客家人。因為當時的客家人很窮，性格也較保守，故承襲了此產業。客家人也很會念書，依據當時的觀念，厲害的學生會選擇念師範學校，因為當老師每月有一千元的收入，相當於五分地的稻作收入，即一般農民的收入。但相較之下，菸農的收入更是多了兩至三倍。那時候種菸葉很賺錢，故小孩子也會很理所當然的接班，在鳳林鎮考師專的幾乎是生活較困苦的學子。

在舊社會裡面，農人與菸農的收入比公務員及教職來得多，不過基於要擁有足夠的資本才能蓋菸樓，更別說最根本的田地。所以只有窮人家的小孩才會去考老師與公務員，然而，家境不錯的才有能力去從事農業與菸業，賺取比公務員及教師更雄厚的收入。有趣的是，當地五十多戶菸農，卻沒有一戶人菸農培育出校長。「美濃出博士，鳳林出校長」，在高雄縣升格為直轄市前，高雄縣有三分之一的校長都來自

美濃，而鳳林的校長則是全臺比例之冠。因此鳳林除了菸樓特色，另一個就是校長夢工廠。

校長夢工廠讓菸樓留存美姿

校長夢工長，之所以命名為「夢工廠」，是花蓮縣文化局局長提出的點子，之後便成立了「校長夢工廠」。美濃的博士多為菸農子弟，鳳林的校長雖然不是來自菸農的富裕家庭，卻是保留鳳林文史及菸樓的關鍵。戴國建說到：「世界上沒有永恆的東西，追憶才是最珍貴，東西會因消失而顯得更美」。菸產、菸農、菸樓、校長、鳳林人口，一個個都逃不過時間的洗練，因此更要維護菸樓及鳳林文史紀錄，勉勵後人不要忘記前人的努力。

目前東部關於菸產的資料記載及菸樓保存，都顯示著鳳林為菸產重鎮。戴國建說：「十多年前地方政府，曾補助菸樓擁有者修建菸樓，但後來因為停止補助，也就沒有持續修建了。但整體而言，鳳林菸樓的保留程度，仍是全臺最完整的地區。」其原因為鳳林出了很多校長及教師，對於文化資產的保存有一定程度的重視，也有一些重要人事對當地的文史資料做了詳細的保存，像是廖高仁校長，撰寫了一系列鳳林與花蓮等地的文史相關著作，如：《悅讀十九世紀的花

戴國建校長所創的校長夢工廠

蓮》、《悅讀 1939 年花蓮港廳》、《悅讀鳳林客家小鎮》、
《兩個世代的教育》、《美麗的花蓮》。並且翻譯日治時期
的花蓮文史資料，像《悅讀日本官營移民村》、《官營移民
村影像集》、《悅讀林田移民村》。這些著作也包括了東部
地區的菸產，是了解鳳林及花蓮文史的重要文獻。

　　關於菸業的趣事，戴國建校長從小就聽過，像是大人總
不允許小孩觸碰剛烘烤好的菸葉，因為此時的菸葉很脆弱，
尚未吸收空氣中的水份會一碰就碎，就怕搞壞了繳菸的等
級。特別的是鳳林種植菸的方式有兩種，分為秋菸及春菸。
秋菸在秋天種植，並趕在過年前陸陸續續將菸烘烤完成。因
氣候關係，甚至可以看到有些人家在過年還持續烘菸，或延
長至過年後，到了三月，再統一繳菸。當地人認為三月的天

校長夢工廠的鳳林在地文史資料，為廖高仁所著。

氣與陽光，照在菸葉上的金色最漂亮，看不出瑕疵。花蓮也
有人種植春菸，但在收成時可能會面臨颱風，萬一有農業損
害，政府並不會補給秧苗或種子給菸農。

　　繳完烘烤完的菸葉所吃的自家型慶功宴，菜色的排場相
當於年菜。不過與西部相同的是，在菸農彼此的閒話中，仍
會計較對方交工餐多寡，及豐盛程度。在鳳林種植菸葉的人
家，約莫三到四家組成一個菸產社區。看誰家的菸先採收，
大家會合作幫忙。換工的點心都吃得很好，此餐的客語稱為
「做完工（四縣音：zo55 van11 gung24）」，指在最後一
次收成好菸葉。

推動欣賞鳳林菸業的手
——專訪文史工作者葉仁基

撰／張凱清

葉仁基，花蓮縣富里鄉人。中興大學森林系畢業，新
光人壽高階主管退休，曾任花蓮市調解委員會委員。
小時候有協助烤菸的經驗，退休後開始關注花蓮文
史，反思老一輩的口述歷史與文獻記載有多處相異，
特別是花蓮的日本時代，進而以此做了研究，並將研
究成果投入在花蓮縣林務局導覽解說的專業當中。

　　鳳林之所以成為花蓮菸產的重鎮，原因有以下三點：第
一、鳳林是日治時代的移民村之一，花蓮的日本移民村有吉
安、豐田、鳳林，皆為花蓮種植菸葉的起源；第二、鳳林鎮
為客家聚落，因客家人較保守的民族性，接受了日本政府離
臺時的菸產轉賣；第三、日本政府離臺後，鳳林在地人考量
到交通不便的問題，放棄轉往花蓮市發展，決定繼續留在鳳
林，而鳳林除了菸，沒有其他顯著的特色，因此，多數居民
承襲了上一帶的種菸事業。

葉仁基先生

順其自然結束的菸業

　　客家俗諺：「做到兩頭烏」。意思指一天的生活會看見兩片黑。第一片黑是天光未亮，就開始工作；第二片黑是忙到太陽下山、天黑了還在忙。此諺語不僅道出農業生活的辛苦，也反映客家勤奮努力的生活態度。鳳林之所以有那麼多人就讀師專，不只是為了未來的前景，另一方面是為了分擔家裡的開銷。且考上師專後能獲得食宿上的安穩，生活品質也比待在家裡好。

　　東部人稱菸產的交工為「換工」，大家都會盡自己的力量以工換工，雖然會計較一日五餐的點心多寡，不過關於換工的負面八卦也較西部少。在東部如果不夠認真的人，下次自然不會請他來換工。再來，東部的人手較為不足，也就不會挑三揀四。因為人口少，大家自然彼此認識，都知道是誰家的小孩？誰的兄弟姊妹？因此東部人特別在乎人際關係。像是過年時有平安戲及年菜的招待，家家戶戶都會煮一大堆，若親友沒有來家拜訪，會十分沒有面子。

　　東部人較溫順老實，也比西部人更乾脆接受菸產沒落的事實，所以早在進入 WTO 前二十年前左右收掉菸產，因沒有發現更好的替代作物，導致人口大量外移，菸農就順其自然地任菸產結束，使原先因菸產而輝煌的鳳林鎮，僅剩管理階層的公教人員與一級產業的農民，掏空了中產階級，經濟呈現兩極化。全花蓮縣人口也是如此，花蓮總人口數約莫三十二萬，而花蓮市就占了二十萬，剩下的十二萬人，不均勻地分佈在花蓮的其他十二個鄉鎮，可見人口差距之大。

　　關於在地的菸產轉型，多數人選擇往都市移動，也就是直接轉行了。但美濃的菸產轉型為白玉蘿蔔、橙蜜香小番茄，成功的關鍵並不只是農業技術，而是具有「行銷整合」、「品牌形象」的概念，自然能夠轉型成功。但回過頭來看，菸產的結束是世界的潮流，只是時間早晚的問題。以前的政府不

敢面對臺下的噓聲，覺得農民較好騙，經由媒體的渲染，將菸產沒落單一歸咎為——世界貿易組織（WTO）。因政府不敢做出決策取捨，也未向大眾說明清楚臺灣加入 WTO 的利弊，塑造出菸產的沒落就是因為加入 WTO，而不去思考變遷的時代與全球化的市場。

菸業文化保存與過去的教育

日治時期的花蓮中學，有五個班來自花蓮市，一個為留級班，剩下兩個班級的學生主要來自鳳林、吉安等偏鄉及西部，因東部的師專較西部容易考取，故不少西部的學生來花蓮中學就讀。就讀花蓮中學的鳳林與吉安等地區的學生，非常拼命和優秀，相較於花蓮市的學生，努力念書是受家人的逼迫。不同的是，鳳林與吉安等地區的學生，學習態度是屬於自動自發的。如此競爭的讀書風氣下，菸農子弟反而不會選擇升學的道路，第一是家境衣食無缺，再來考師專是非常競爭，且名額稀少。

過去的花蓮，菸農很少思考是否讓子女接手菸產事業，因此大多數子女都會選擇接手家中菸業。由於種植菸葉具有「契約性」，由菸酒公賣局保價收購，穩定菸農的收入，價格也比稻作高，符合當時期許生活安穩的普遍心理。

以當代觀念來說，普遍認為穩定的工作是軍公教，但以前並非如此。在舊社會中，多數家庭並沒有充足的資金供子女念書，更別提栽培子女考取那稀少的公職缺額，且公職那時的薪水沒有務農來得多，理所當然不會是時下的好工作。

所以人民寧願挑戰務農或種菸等有風險的工作，賺取更豐厚的收入。不過公職的好處是不用看天吃飯，還有配給白米，可過著安穩的生活；反觀在作物收成前，農民為了節省開銷，選擇每日每餐吃地瓜籤。因此現在有不少長輩，看到地瓜，是滿滿揮之不去的厭惡。

菸業文化資產保存的不被重視，關鍵在於過去的教育，並沒有教導學生去欣賞文化及藝術。課堂上所學的文學、地理及歷史都是中國的，現在的學生對於臺灣的印象非常陌生。葉仁基認為在文化認同的層面上，會塑造出貶抑臺灣的價值觀，覺得自己的文化低下。

但現在很不一樣，國中與高中的課程可以學到臺灣的文學、歷史及地理，比過去的教育，更認識臺灣。現在的孩子家境富裕，缺乏親自勞動的過程，理所當然會覺得菸樓是美好的東西。對於菸樓文化資產保存的不被重視，僅是老一輩沒有學到充分的臺灣人文，是一種意識形態的洗腦，導致他們很難意識到菸樓的美，以及對臺灣文化的重要性。

多數的文明是立基於破壞

葉仁基小時候曾協助大人烤菸,在幫忙的過程中,還在菸樓烤過地瓜。由自己的回憶,談起過去的歷史。菸草是從日治時期開始種植,過程中,存在著遭受原住民侵襲的隱憂。進入國民政府時代,若跟菸酒公賣局打好關係,就可多配給到一些田。這也說明菸農勢必要與繳菸廠的檢驗員混熟,好讓菸葉被鑑定為好價格,甚至會私下賄賂官員,而這些官場文化,都是日治時期從不會發生的。繳菸廠對每一戶菸農的收購數量有限,若烤好的菸有剩,菸農通常私下轉賣給其他菸農,或者將過剩的菸草做成雪茄自己抽。

葉仁基的太太蔡白芬說:「東部之所以能保存這些文化資產,就是因為東部沒有像西部那麼進步。」這句話說明多數的文明是立基於破壞。依據文化資產保存法第三條對於文化資產的定義為:具有歷史、文化、藝術、科學等價值,並經指定或登錄之下列資產。包括古蹟、歷史建築、聚落、遺址、文化景觀、傳統藝術、民俗及有關文物、古物、自然地景。但菸樓並不屬於古蹟,而是歷史建築,故菸樓無法受《古蹟管理維護辦法》保護,只能當作危樓拆除。

菸樓屬於私人財產,常常因為沒有用處就被拆除。而鳳林因菸產發展蓬勃,菸樓群也較集中,加上政府的介入管理,

葉先生的太太蔡白芬

較多菸樓因此得以保留下來。菸產的輝煌,必須透過耆老們的口述歷史來細說,若不採集與整理這些故事,便會隨著長輩相繼凋零,而逐漸被遺忘。如此一來,加深菸業與後人的鴻溝,無法引起世人興趣,便無法對話與保存,因此葉仁基認為這段歷史更值得研究,讓下一代了解臺灣的現代文明,是前人辛苦墾拓才有的成果,是多麼得來不易。

失去的只能
成為歷史的一部份
——專訪楊水文菸樓後代楊志豪

撰／張凱清

楊志豪，花蓮縣鳳林人，為鳳林楊水文菸樓（楊春雄
菸樓）的後代。菸樓位於花蓮縣鳳林鎮大榮五路和民
有路交叉口。曾從事多媒體設計業、臺灣藝術大學新
媒體藝術學系講師，目前於上海音樂學院任教。十年
前經營的部落格「喬治語錄」，撰寫許多鳳林菸業及
花蓮日治時期老照片的文章。

　　楊志豪是家裡最小的孩子，放學後都會在菸樓的閣樓玩
耍，可以說是在菸樓長大的孩子。以前鳳林的農民會在春季
種植西瓜，夏天採收；秋天種植菸，冬季收割與烘烤，作為
鳳林菸業家庭一年的循環。十多年前，他的爺爺楊春雄離世，
在整理遺物時，發現日本人寄給爺爺的信，以及擁有菸樓的
牌照，於是請了專人翻譯，原來是日治時期的灣生寫給爺爺
的。灣生為日治時期在臺灣出生長大的日本人，也包括日臺

楊水文菸樓的後代楊志豪

通婚在臺灣生下的混血兒。因爺爺生前幫灣生種菸葉，日治
時期結束後，灣生遭到遣返，於是將菸樓與菸田送給爺爺。

一片念臺的菸葉

　　十多年前，灣生及他們的後代來鳳林拜訪，聊起以前在臺灣的生活，爺爺還拿出灣生送給他的鐮刀，上面有著用火烙印的「品川」，為家族的印記。回去時，爺爺摘了一片菸葉送他們。回去的灣生看著帶回來的菸葉，更加思念曾經在臺灣的生活經驗。臺灣對於他們來說，是童年，也是家鄉。楊志豪在整理遺物時，才了解到原來爺爺與灣生背後的情感是那麼深刻動人。

　　在灣生回去日本後，必須在登陸的附近居留兩星期，確認沒有疾病，才可以正式回到自己的宗族，回去的灣生大多不被當地的日本人接受，懷疑攜帶臺灣的瘟疫，甚至遭受歧視與排擠。而爺爺的朋友，回去後不被當地接納，所以過著不斷搬家的日子，因日本壓抑的民族性，在晚上才敢在棉被裡偷哭。

　　在日治時期前，鳳林是原住民居住的地方，分布在海岸山脈一帶，後來因河流的沖刷面積變動不穩定，有大量的砂石沉積，屬於河川地，開墾不易。到了日治時期，日本在此設立移民村，招募桃園及新竹地區的客家人來開墾，因客家人多待在丘陵一帶，能夠在桃園及新竹農耕的面積並不多，加上氣候多雨，故選擇接受日本政府的招募，移墾到花蓮鳳

離臺後，灣生寫給楊水文的信（圖為楊智豪提供）

林及其他移民村，相較臺灣其他客家族群，是屬於較晚開發
的聚落，同時也因為日治時期現代化的因素，鳳林的客家人
並不住在夥房。在明鄭與清領時期，客家人來臺開墾不易，
經多次移墾，故透過同姓與非同姓的大家族模式，組織生活，
將三合院稱為夥房。不過正是因日本人來花蓮生活，並設立
移民村，使臺灣東部有了菸業，並與北臺灣從明鄭與清領時
期，中國帶來的菸業做出區隔，是完全不同的歷史脈絡。

楊 永文樣　　　　　　　　　2004年11月6日

お元気でお過ごしのことと存じます。この度裕元子が鳳林を訪問します
何かとお世話になることと存じます。どうか宜しくお願いたします。

1999年（民國88年）私が鳳林に行った時はたいへんお世話になり
ました。山羊どたくさんのお土産をいただき本当に有り難うございました。
おそくなりましたが厚く御礼を申し上げます。

お話に聞くところによりますと、タバコの耕作をおやめになったとか永
い間本当にご苦労樣でした。

私のごき父と祖の後を引き継がれ、その生産量を増やされたばかりか
立派な品質のタバコを生産されました。

言葉でゆうのは簡単でしょ。さぞ幾多の苦闘もあったことでしょう。

父母になりわかり、その一生懸命なご努力、頑張り、研究熱心さにたい
し、深い尊敬の念を表します。

私も子供でありましたが、7〜8才頃から半分は遊びで、タバコの葉
かぎ、幹での糸通し、そして乾燥室の入れ込み。時間を見計って温度計
のぞく父の真剣なそのまなざし、を今でもよく覚えております。

仕上がりのいいタバコの選別は楽しいものです。1等品とか2等品。

綺麗おじゃまたした時、新乾燥室の所に積んでいたのを手にしました。

その仕上がりの色のいいこと。正に特等品。【楊さんお見事】

私は農業の専門ではありませんが、日本の農業について。

日本農業の主な生産品は米ですが、これは1965年をピークに過剰生
産になり、野菜、果物を中心に密給を見つけだそうとしますが、これも
まくいきません。耕設はあわない。若者は農業に魅力がないため後継者が
出来ない、多くの農地が荒れて荒廃っている。

こんなことは台湾の農業もよく似ていることとおもいます。

今、日本の食料自給率は約40%ぐらいです。中国大陸やその他の国を
から安いものが、どんどん入って来ます。いざとゆう時これでいいのか。

不安でいっぱいです。

ではこんな効率の悪い農業何がわるいのでしょうか。

1 米の生産に頼りすぎました。

2 政府がいつまでも農民に過保護政策。

3 農民の努力もたりなかった。

4 農業の関係分野に優秀な人材が集まらない。

関係分野とは　農林省、全国農協中央会、農業経済連合会、
各市町村の農業協同組合等。

これらの団体は農民をあらゆる方面から、的確な指導、援助をして農民を
リードしていかねばならない。

しかし実際は農民に肥料、農業機械、生命交通保険等売り付けて利益を
上げることに一生懸命。

5 農業改革が思うようにすすまない。

いろいろ有りますが、例えば先祖伝来の土地といって小さなものまで
なかなか手離そうとしない（昔はそれで生活が出来た）

つまり土地改革が進まない。へたな話はこれで。

私の願いは命ある限り台湾に行って皆樣にあいさつることです。私を生
んだ好な臺灣の大地が磁石がものを引きつけるように私を呼んでいるか
らです。鳳林の生地に立つと体は浮き浮きとしてきます。これは誰にも解
らないこと。裕元子も私と同じです。

ところが写真のとおり病で私は台湾にはゆけない体になってしまいまし
た。残念で残念でなりません。

台湾の皆樣にお会いして、今までの御厚情に感謝を申し上げることがで
きません。どうかお許し下さい。

台湾は小さいけれど世界の一流国です。これは台湾の皆樣方の優秀さと
努力の賜物です。

今台湾では将来独立の自由があり誠に素晴らしいことと存じます。

が一方で独立し、統一かの大きな政治問題があります。

今からすぐに解決する問題ではありませんが、日本の大多数の人が心の
底では台湾の独立を応援しています。

しかし福建省の沿岸にある約500のミサイル基地から、ロケット弾が
台湾に向け発射されないように祈りいたします。

これにて失礼いたしますが、お体には十分に注意され楊さんと奥樣共々
いつまでもお元気でありますよう、こよりお祈りいたします。

品川日出男　拜

日文原書信（圖為楊智豪提供）

應該更認識自己的土地

　　鳳林會有這麼多人考上師專，最關鍵的原因是設立初
級中學。因為要初級中學畢業，才有考取師專的資格。張七
郎是鳳林初級中學第一任校長，畢業於臺灣總督府醫學院，
亡於二二八事件。張七郎原是新竹湖口人，在日治時期，受
兄長張逢年的鼓勵，來到鳳林設立醫院。日治時期結束後的
1946年，被任命為鳳林農業學校的代理校長，並設立了鳳林

初級中學，成就鳳林在地學子，讓在他們，可以透過念書考取師專，改善窮苦命運。

　　早期選擇從事菸業與考取師專這兩條路，是移墾不易的客家人，或其他家境不好的人，改變命運的兩大途徑。鳳林開發的源頭，最終都是要回溯日本人紮下的根基，像是毛利之俊等人來臺，以步行的方式采風做田野調查，拍攝了一本《東臺灣展望》攝影集，保留臺灣東部重要的原住民文化，反映日本人積極統治臺灣的另一面，間接保存了臺灣的文史資料。有趣的是，在日治時期的臺灣學生，入學就要開始準備存畢業旅行的經費，因為畢業條件為登玉山及到日本內地拜訪，向祖國致敬。

　　臺灣人應該更認識自己的土地，包括在課外的時間。楊志豪強調：「不能只用中國脈絡的單一史觀去看臺灣。像是課本總是歌頌鄭成功的功績，但鄭成功卻是帶領軍隊，屠殺臺中平埔族的大肚王朝。」反觀日本人對臺灣的高壓統治，背後對臺灣全面調查，所累積的文史資料，是目前了解臺灣文史的重要依據。

　　除了不能用單一史觀來看臺灣，也不能一昧只相信媒體的報導，像是媒體塑造出菸產的沒落，歸因於世界貿易組織（WTO），但菸產沒落問題並沒有那麼表象，臺灣進入WTO，是打開產業必須要全球化的趨勢。臺灣的糖業，也受

到國外進口玉米糖漿的衝擊，其他產業均受到國外低價進口品的削價競爭。在貿易思考上，促使臺灣的各個產業，不能只將市場鎖定在國內販賣，更應走向全球化的外銷。

保留舊建築的時光

　　菸業文化需要的是一個活的博物館，一個可以讓知識與現代人互動的博物館，而不是一棟經營不善的蚊子館。臺灣目前沒有專門為菸業經營的博物館，使在推行菸業文化資產保存的過程，沒有學者替文化資產維護方進行背書，導致菸業在歷史上的經濟意義，難以與現代生活連結。臺灣的建設往往都是新建，很少修建舊有的東西，像是臺中火車站將新站設立在舊站旁邊，舊火車站的文化營造，還未有具體的成果。關於曾經在舊站搭乘的記憶，卻成了歷史的一部份，而下一代接受這份記憶，會更加的微弱。

　　背後存在的問題是，臺灣有許多建案的設計與執行，若將舊有的建物整修，費用會比蓋一個新的建設來得高，顯示政府忽略了文化須時間累積的重要性，只看見立即性的工程利益。以上現象指出，臺灣對文化的普遍價值觀與文化保存的觀念是有問題的，加上媒體與社會輿論，使民眾更注重都市規劃要有具體的新建設，將舊有歷史建築視為窠臼。菸樓

灣生離臺前贈楊水文的鐮刀，刀柄上烙印品川的家徽。（圖為楊智豪提供）

的保存也面臨相同的處境，因無法創造經濟價值，遭大量拆除。導致建築無法證明過去的存在，文化便無從轉換與延續。反觀英國倫敦的地鐵真的就是百年車站。

1999 年，品川家族來臺拜訪楊水文，拿著鐮刀合影，楊水文為由右至左的第三位。(圖為楊智豪提供)

　　以前的菸酒公賣局，保留著仿造英國維多利亞時期紅磚的建築結構，為日治時期的巴洛克式建築。臺灣的菸酒公賣制度，是全球很值得探討的議題，若臺灣沒有正式成立菸業博物館，這段歷史將只剩生硬的文獻。因此，菸葉文化更須要納入博物學的概念，趕緊在菸農及菸農後代凋零前，收集所剩的田野資料，補充文獻不足的部分，建構出一套完整的活歷史。

　　談起兒時的記憶，楊志豪說：「可以看到媽媽和菸工們，做剪菸的動作，也就是將菸草沒烤好的部分摘除，並分類菸草的等級；晚上會跟爺爺或父親一起看守爐火，會在菸樓旁搭蚊帳，睡在他們旁邊。」對他來說是在成長過程中，充滿溫暖的故事。到了電腦化的烘烤方式，這些景象都看不見了。他很懷念小時候在舊菸樓上的閣樓走廊玩耍的時光。從木造菸樓過渡到鐵皮，後來才是水泥建的循環式堆積乾燥機，即電腦化菸樓，設定烘烤的溫度及時間，送進烤箱後，鳳林的菸農還能夠跑到臺北找朋友，回家時就可取出烤好的菸。他家的菸樓，原先是傳統柴燒的大阪式菸樓，經歷了一段時間，變成貨櫃式的菸樓，到了後期才改用水泥建成的電腦控溫菸樓，即廣島式菸樓。社會變遷，菸樓的形式也會改變，而人與人之間的互動也深受影響。

　　來自藝術背景的楊志豪，未來想要將菸業相關的文史，做成小型的博物館，展設在自家的楊水文菸樓。預計以複合式的方式經營，在菸樓旁邊再蓋一間小房，順著菸樓原本的風格去設計，讓菸樓有再使用的機會，加入咖啡與輕食的概念去經營。儘管目前考量到資金籌備、必須到上海工作，以及陪伴小孩成長的求學階段，仍將菸業博物館做為未來藍圖，一點一滴地去規劃，菸業博物咖啡廳的夢想。

菸樓創生最前線

——專訪菸樓學堂負責人李雨宣

撰／陳柏政

李雨宣，高雄美濃人。曾在臺北補教界服務多年，現在不僅是青銀夥房和竹頭角小學堂的主要負責人，還是咖啡角落的經營者之一。因為對家鄉有深厚的感情，退休後除了自掏腰包修整建築物，活化地方空間外，也貢獻自己專長，扛起教育美濃子弟的任務。

日治時期用來烘菸葉的菸樓，在時代的變遷下從民國70年代被電腦式的烤菸設備取代，美濃地區的老菸樓難逃凋零的命運，從原先的幾千多棟銳減到不剩百間，取而代之的是現代化樓房豎立在鄉野間。

這些曾裝載時代記憶的老建築是否還有蛻變重生的機會呢？咖啡角落負責人李雨宣說到，當初她回美濃時，菸樓因年久失修的關係，早已崩垮。對她們來講，其實也很掙扎，到底要不要整修？畢竟拆掉很快速容易，但要整修再利用其實很難。到最後菸樓會變成現在竹頭角小學堂，是因為李雨宣發現她離開家鄉四、五十年後，家鄉變化的情形……

咖啡角落負責人李雨宣

菸樓學堂背後的故事

　　李雨宣娓娓道出，國小三、四年級時就離開美濃，往後的求學或生活歷程皆在外地。等到再次回到這片土地，不受當地人歡迎。由於在這裡土生土長的美濃居民，覺得她的生活和居民們格格不入。她認為會遭受到排擠，不是因為在外失敗返鄉，事實正好相反，因為她衣錦還鄉，先生又是學識淵博的教授，在美濃當地居民的眼中，她就像突然因成功而

仿菸樓結構的竹頭角小學堂

灰色系風格的竹頭角小學堂

古色古香的室內擺設，營造安靜又復古的氛圍。

歸來，賺了很多錢，隨便佔用任何一塊地，並利用當地好山好水廣建招待所，但都是招待一堆他們不認識的人。

李雨宣深知返鄉曾遭到他人的誤解，可是她說：「我就像加拿大、美國的鮭魚一樣，我效法他們那種回游產卵精神。」所以自從她離開後，日也思，夜也思，有機會一定要回美濃，為這片土地盡心盡力。

談完返鄉的初步歷程後，李雨宣說會想將菸樓變成學堂而非其他形式，和「現在拿不了鋤頭，沒關係，以後可以拿筆」這番話有關。她遙想童年必須和家族一同下田務農，可惜她天生並不是孔武有力的人，所以對她而言要拿起鋤頭是一件極為不容易的事。許多長輩看到這種情況，都直接破口大罵，而她的阿嬤卻給她滿滿的祝福與鼓勵。也因為鋤頭和筆的啟發，李雨宣體會到自己不適合當農夫，可能還有其他的專長，讓人們找到自己適才適所的能力，遠過於制式化的發展。

現在菸樓小學堂的故事

李雨宣順道提及在竹頭角小學堂裡，曾經有一位特別的小朋友，她一樣努力地去栽培，甚至為了這個學生舉辦「中正大學之旅」，吃住的費用都由學堂提供，學生們的家長只

需要出車資。然而這活動，換來的卻是這位單親學生父親的回應：「你把我的孩子帶出去玩，我的農事誰做啊！」也因為有這樣的經驗，所以李雨宣開設小學堂完全不收一分一毛錢。她也表示學生要懂得感恩，所以用了大約兩個月時間主動到各個學生家拜訪。藉由家庭訪問方式，進一步了解學生的家庭狀況，領悟到離鄉這數年來美濃家庭結構的變遷，一般學生身處不美滿的家庭環境，有的是單親，有的隔代教養，又或者父母當中有人酗酒等狀況。

竹頭角小學堂位於高雄市美濃區興隆一街，開設國小、國中相關課程。據李雨宣敘述，以前菸樓是夫家代表財富的象徵。她回憶到，當年姑姑要出嫁的時候，大人一坐下來討論的，就是問夫家有幾個菸樓？那時候的女人只怕嫁了沒錢的夫家，並不怕苦。但隨著女人有機會開始讀書之後，和她同輩的，反而不嫁給有菸樓的夫家，因為會做到累死。從她的成長歷程中，也預示了菸業隨後的發展。

李雨宣認為美濃菸產的沒落，其實都太過給世界貿易組織（WTO）扣帽子。很多事情有它本身發展的脈絡，不需要由不是在這裡成長，或是一知半解的人來下定論。早在加入WTO之前菸葉因為沒有人力就很少再種了，這是一個必然的過程，並非因為加入WTO，菸葉就滅了。不論有沒有加入WTO，菸業也勢必會在美濃沒落。

〔采桑子〕 交工

詩｜張 凱 清

稻香過後栽新綠，彼我交工。

汗水迷濛，夜半紗窗菸葉烘。

富饒景象知何許？博士瀰濃。

農事匆匆，籌備新年好過冬。

那年　遇見菸

—花蓮地區菸樓介紹

撰／陳柏政

因二次世界大戰製作煙品的需要，日本政府在花蓮當地的移民村——吉安、鳳林、豐田種植黃色種菸葉。因為種菸葉需要烘烤，才出現了菸樓。

　　鳳林一帶有四棟菸樓，曾經由政府修建，分別在 2015 年修建徐家興菸樓和余相來菸樓，2016 年修建林金城菸樓、廖快菸樓。

徐家興菸樓

　　當初由政府著手進行翻修，將原先日治時期廣島式老菸樓，翻修成具歐式風格的菸樓。雖說整體建築已被賦予新生命，但歷史的記憶仍然存在於這傳奇建築物的一磚一瓦中。目前菸樓的所有權已歸還原主，剩下外觀視覺上的欣賞，內部已成為自家的倉庫。

以白底線條為設計走向的徐家興菸樓

林金城菸樓

　　隱藏於靜謐的私人住宅中的林金城菸樓,是屬於大阪式建築,菸樓目前結構保存狀況非常完整,要參觀前須徵得屋主同意。為透過政府修建的菸樓之一。

廖快菸樓

　　緊鄰於小雜貨店的廖快菸樓,曾經有對夫婦向地主承租此大阪式菸樓後,將其結合鳳林在地特色,讓古色古香的老建築搖身一變,成為窯烤美食餐廳。只可惜現在人去樓空已成私人住宅,值得慶幸的一點,目前整體保存狀況相當不錯,要入內參觀前需聯絡屋主以免觸法。

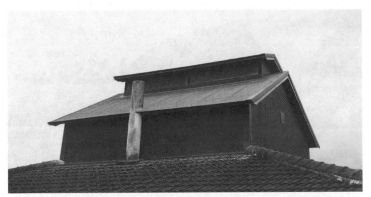

外牆以灰色系搭配煙管的林金城菸樓

被綠色大樹所遮蔽的廖快菸樓

許基掌菸樓

　　此棟菸樓是第一棟出現在鳳林鎮內的大阪式菸樓,由許基掌先生一手打造,供日本人在臺經營。臺灣光復後,許基

在私家庭院中的許基掌菸樓

掌先生從日本人手中，接手管理權繼續經營，又於民國54年建造第二棟大阪式菸樓，隨後兩棟合併成為今日的型態。目前建築物保存完好，內部有留下新型電腦式烘煙設備，其餘空間皆堆滿屋主之雜物。

翁林廷耀菸樓

　　擁有藍色外牆的翁林廷耀菸樓為大阪式，建築還保有日治時期古老的風格，內部空間並沒有雜物堆積，非常空曠，

外牆為藍色的翁林廷耀菸樓

牆上掛有前幾年「菸樓迷路 · 百鬼夜行」活動的相關老照
片，還有充滿童趣的畫作。

豐裡村菸樓

　　藏身於偏僻巷弄的一角的豐裡村廣島式菸樓，由於多年
無人維護的關係，目前全處於廢墟程度。建築物外觀大部分，

布滿青苔和生鏽鐵皮的豐裡村菸樓

都已被生鏽的的鐵皮包覆的密不透風，又因周圍環境緊鄰私
人小菜園，常常會有堆肥氣味飄出，至於內部空間多置放農
具與廢棄家電。

無名菸樓之一

　　此棟無名菸樓，位於中和路和大榮二路的交會點，無法
得知屋主是誰。但就其外觀而言保存的還算完整，只是內部
空間雜草叢生，堆滿各種大大小小的雜物與垃圾。

已經堆滿雜物的無名菸樓

無名菸樓之二

佇立在靜謐小巷的交叉口，有一棟生鏽鐵門的大阪式菸
樓，即便無法入內一探結構，但對外地人來說，這棟頂著太
子樓的建築物，在眾多屋子當中，顯得格外與眾不同。

看似歷經多年歲月的無名白牆菸樓

無名菸樓之三

　　這棟無名菸樓，藏身於狹小的民宅中，鬆垮不堪的建築物結構，以及上頭完全坍塌的太子樓，在歲月長年的侵蝕下，

搖搖欲墜的無名菸樓

很難相信佇立在眼前的這棟建築物，曾為花蓮鳳林鎮帶來盛
事菸景。

循跡　菸情在

─屏東北部和美濃地區菸樓介紹

撰／蔡依璇

黃色種菸葉喜歡日照充足的氣候，及排水良好的土地。故國民政府將菸區南遷，屏東北部和美濃地區成了重點菸區。此地區因朱一貴事件，而形成強大的六堆客家聚落。

　　客家人勤勞的民族性，與原鄉務農的生活型態，滿足了菸業龐大人力的需要，因此，六堆地區的菸樓，通常會與客家夥房結合，有別其他地區的獨棟式菸樓。

林家菸樓

　　遠方望去，林家菸樓佇立在綠油油的田地，背後山巒相連，一片遼闊的景象令人心曠神怡。從美濃西門大橋，沿著美濃溪，朝旗山方向走下，在阡陌縱橫的曲折之中，才好不容易找到這座菸樓。

外牆貼有林家菸樓的門牌

林家菸樓在一片田地當中，視野遼闊。

　　作為當時的種菸大戶人家，將林家菸樓整修，外觀上得
以重現原貌，收藏著老菸樓的昔日風華，可以說是美濃目前
保存最完整的菸樓。不像其他菸樓因產權等問題，導致拆除
或荒廢破敗，菸樓以從容不迫的姿態，佇立於美濃溪旁。

溫家菸樓

　　乾淨的街道旁，時不時會發現有著太子樓屋頂的老菸樓，是高雄美濃特殊的在地景觀。

位於林家菸樓旁邊的溫家菸樓

菸樓內部結構毀損

菸樓內是雜亂灰暗的儲藏間

　　相較於修繕完整的林家菸樓，這棟菸樓已經有多處塌陷，結構毀損，外牆老舊斑駁，內部成為雜亂的儲藏室。

綠建築太子樓菸樓

　　在咖啡角落對面有一棟特別的改造菸樓，太子樓屋頂為綠建築形式。雖然老菸樓已不再使用，但注入新的科技元素，讓閒置的菸樓獲得重生的機會。

新舊元素融合的綠建築菸樓

　　新舊結合除了帶來視覺上的衝擊，更看出現代人不僅沿襲前人的傳統，保留文化，更加入新思維、帶來新氣象。

近看屋頂可以發現與其他老菸樓的太子樓不同

菸樓前有人家在曬被，為黑暗的老房增添可愛的人情味。

咖啡角落旁的黃土牆菸樓

　　站在咖啡角落往下看，發現有一棟顯眼的黃土牆菸樓，被四周的房屋團團包圍，透露一種堅持與眾不同的味道。

黃土牆菸樓，老舊的太子樓屋頂不敵風吹日曬，已經塌落。

　　此菸樓與其他菸樓最不同的地方便是它黃色的外牆，儘管已經荒廢，但鮮豔的色彩讓它不得不被發現。荒老的平靜，停留在那兒，無聲地訴說著屬於自己的生命故事。

　　對大多數人來說，不免對這樣的老屋退避三舍，倘若將菸樓拆除，當外出的遊子回家時，他們的記憶又少了些畫

面。菸業的沒落使得菸樓不再運作，那還有誰會願意花錢修復呢？這也是文化資產維護普遍遇到的問題。

被鐵皮屋包圍的隱密菸樓

在密集的鐵皮屋中，冒出一座太子樓屋頂，看上去脫穎而出，卻不會感到違和刺眼。

被鐵皮屋包圍的太子樓屋頂

騎車在美濃的鄉間小路時，總會習慣抬頭往上望，驚覺建築的屋頂為太子樓時，便有種尋到寶的驚喜感。在純樸的農村四處探險，玩著蒐集老菸樓的集點遊戲。

135

一探究竟隱身在巷弄內的菸樓外觀

用梯子架高的門口,彷彿看見以往菸農烤菸時,爬上爬下的景象。

騎車轉彎相遇菸樓

　　空曠的小路、乾淨的藍天、舊舊的老菸樓，互相襯托出美濃靜謐的復刻回憶。

騎車經過在街角的菸樓

　　當地居民習以為常的，對於外地人來說，每一個角落都是另一番新體驗。少了密集的高樓大廈，一望無際的田地，讓人多了一點深呼吸的空間，每秒的風景都值得收藏。

梁屋菸樓

　　位在屏東縣內埔鄉六堆客家文化園區的梁屋菸樓，保存了臺灣南部的客家面貌，包括了具有客家文化的臺灣菸業。

梁屋菸樓屬於博物用途，模擬過去的菸樓。

　　在園區內，有仿菸樓建築，雖然不是真正的老菸樓，但在建築中植入歷史與文化意象，具有觀光與教育意義。

一旁有現今僅存的少數菸田，開滿了美麗的菸花，與過往菸農要把菸花摘除的時代呈現對比。

屏東菸葉廠

　　屏東菸葉廠位於屏東縣屏東市，在臺灣菸產結束後，菸葉廠也隨之荒廢。現在內部作為展覽空間，前方的廣場有時會有文創市集。

　　菸葉廠占地龐大，未來有計畫將空間作為博物館，保留在地特色。若經營成功，這裡將成屏東代表性的人文新景點。

菸場後方的廢棄工廠已經荒廢，安靜放映著臺灣的老工業時代劇。

屏東菸葉廠有日式老建築的味道

以往熱鬧的菸葉廠，如今門窗緊閉，杳無人煙。

屏東新園地區菸樓群探索

　　屏東北部地區與美濃地區，皆為菸業重鎮，且幾乎是六堆客家聚落，而屏東縣新園鄉較特別，是少數的閩南種植菸

在新南路與平和路交口的菸樓，因產權問題遭到閒置。

為上圖菸樓的背面，已被樹叢包圍。

在新園地區出現，臺灣少見的廣島式菸樓。

建在果園中的菸樓

平和路上的菸樓之一

平和路上的菸樓之二

葉的地區，也是臺灣極少數靠海產菸的鄉鎮。訪問數位居民，
他們大多都不記得菸樓的用處，還以為是讓人抽菸的空間。

〔采桑子〕 殘垣

詩｜陳柏政

徒留光景糊塗逝，歲月流停。

景況飄零，更有殘垣對朽亭。

蒿萊壯氣寒蛩泣，寥落晨星。

難再榮青，夢裡當年話語聲。

《菸語憶像》小組三人合影，蔡依璇（左）、張凱清（中）、陳柏政（右）

謝誌

撰／陳柏政

首先，感謝所有受訪者，在百忙中抽空接受本團隊的採訪，提供豐富的經驗及知識，分享寶貴的故事與感想。在此，本團隊致上最深的敬意與感謝。

特別感謝過程中，介紹我們受訪者的王昭華老師、黃淑玫老師、劉慧真老師以及花蓮鳳林文史工作室。

最後，感謝本專題的指導老師廖藤葉老師，感謝您的指導與建議，讓本書能順利完成。